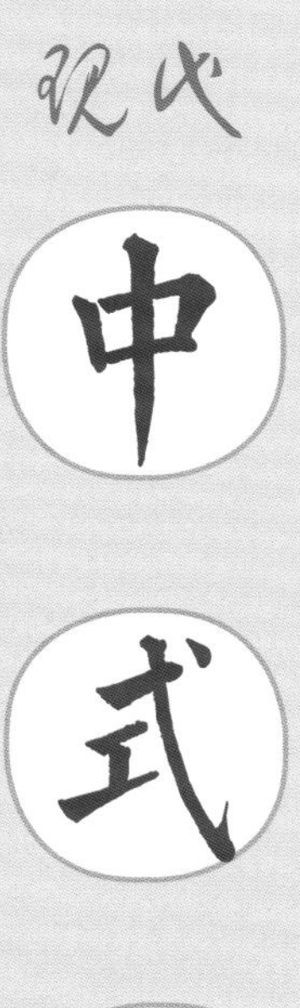

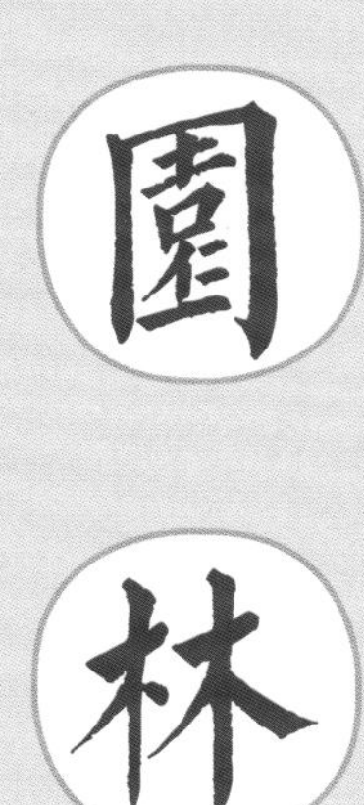

现代中式園林

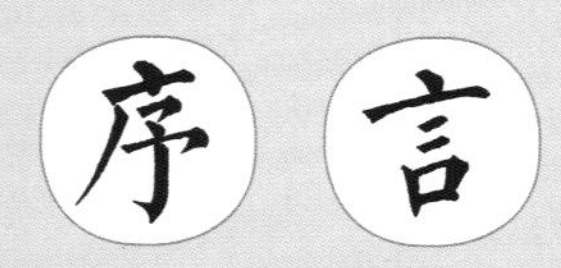

近年来，随着中国城市建设的发展和人们审美意识的提高，中国的景观园林设计呈现出多元化的发展趋势，本书对中国当代的景观园林地产项目进行了详细阐述。本书分为两部分，前一部分针对的是当代景观园林项目中对中式园林的现代演绎手法，多元化的设计风格中，部分景观园林设计师将目光转向寻找本土根脉和文化上来，开始思索和实践着地域文化和中式风格景观的继承和创新，在这样的背景下"新中式风格"应运而生，新中式风格又被称为"新古典主义风格"，是现代设计与中国传统文化交融、碰撞的结晶。大众在异国文化、多元文化的冲击之后，心灵得以回归，皈依传统文化，这就使得新中式景观得以诞生并表现出强大的生命力，本书通过介绍国内具有中式景观园林风格的地产项目给了我们一个实践地域文化和新中式风格表达的机会。

而后一部分则集合了现代景观园林设计的精华。现代风格的景观园林设计在当前高效运转的时代，主要呈现几个主要特征：现代景观园林摆脱掉古典景观园林形式的束缚，变为追求平面布局与空间组织的自由度；用流动的线性或简单的形体组合产生活泼与明快空间；植物注重塑造自然形态美，减少人工修剪或造型；注重亲切感和满足使用功能的宜人的室外空间营造；注重空间表达与公共艺术品之间的对话；注重低碳环保的生态理念。本书介绍了现在简约风格、现代自然风格、低碳环保等项目案例，通过多元化和异域的现代设计风格，全面展现了中国当前境内和境外景观园林设计机构在中国地产项目所创作出来的不同风格设计。

书中详细介绍了国内目前优秀的、富有内涵的景观园林设计项目，融合了传统与现代，文化与科技、生态的元素，书中所选项目的研究表达了这样的一个理念：现代园林的发展方向，关于中国文化的继承和如何将这种文化植入园林景观中，如何表达东方文化的内涵，中国园林的发展方向等等，同时也是给业界和园林景观设计师的一个思考。

鸣谢：首先要衷心感谢为本书提供素材的设计机构和设计师们，因为有了他们的完美作品，才有了本书的创作依据。感谢他们为中国园林景观事业所付出的辛苦。此外，还要感谢中国林业出版社提供了机会，使本书得以出版。

王 蕊

2018年10月

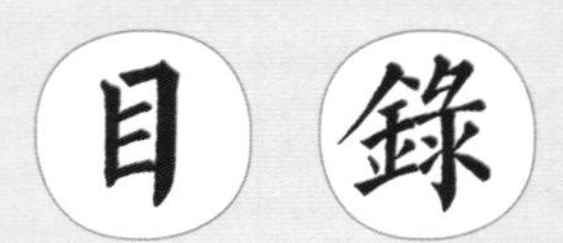

用现代手法探索中式精神回归
泰禾福州院子
014

福州院子是奥雅精心打造的第五个泰禾新中式作品，景观设计秉持新中式的设计原则，用现代的手法探索中式园林的精神内核，赋予其中国园林的思想文化，并力图满足使用者的现代生活功能需求。

再续东方经典
惠州中信紫苑·汤泉会馆
022

禅是东方古老文化理论精髓之一，茶亦是中国传统文化的组成部分，品茶悟禅自古有之。设计师以禅的风韵来诠释室内设计，不求华丽，旨在体现人与自然 的沟通，为现代人营造一片灵魂的栖息之地。

演绎现代中式多重内涵
南昌绿地博览城体验区
036

整个博览城住宅项目主打理念为“玉”主题产品系，设计需在整体理念背景下，展现人文、艺术、健康、科技、生态的居住主题文化。以健康生活的整体概念出发打造，即容纳复合功能需求又涵盖特定文化主题的售楼处景观。

以现代之形塑中式之魂
南京正荣润峯
046

项目定位于充满生机与活力的高端生活品质社区，将“润峯”的项目理念融入场地设计，以“门之尊”、“院之礼”、“墙之境”、“水之润”、“石之峯”五大设计策略，通过巧妙的设计展现不同的景观元素的震撼与美感，同时 18 个特色迥异的庭院设计（如翰林院、长乐院、水榭院等），都如画一般，步步有景看，给人一场视觉上的感官之旅。

再现汉唐伟奇
绿地银川国际交流中心
054

景观设计借鉴了中国北方皇家园林的精髓，通过采用现代简洁的设计语言，溶于与建筑风格一致的汉唐语言符号，将建筑和周边自然景观如群山、岩石、森林、湖泊、溪流等融为一体，打造一个独具魅力的高端经典山水度假酒店。

曼谷中国文化中心的景观设计，是在对建筑规划的深刻理解上做出的，景观与建筑完美融合，让人们无法分辨哪里是建筑的终点，哪里又是景观的起点。景观在这里，与建筑一起，完美地体现了现代中国的文化建筑形象及文化价值观，同时，也体现了我们的自然观。

简凝东方文化精华
曼谷中国文化中心
062

该项目作为一期项目，打造出了一处高端五星级温泉度假酒店，可谓隐藏于缙云山中的风景。以“心净”——“褪尽浮华、洗尽尘埃”为设计理念，使得人们身心得以释放。设计师将繁杂的思绪塞进简约的空间，通过简约的设计手法，营造精致、宁静、休闲、禅意的空间氛围。

现代简约巴渝风
心景 · 缙云国际旅游温泉度假区
072

本案运用建筑体围塑出内部的绿化空间，让绿意融入居住环境，更为贴近生活，营造园与林的意象概念。街市盘缠之间植下几株老松、青枫，春夏时节的浓绿湮湮漫漫，溶进了水雾染湿石壁；再辽远一些的深秋经过，浅水塘让落叶辗转却始终波澜不兴，全部成为端景，让那如山石般量体坚实且姿态静定的建筑主体框画成局。

生活在写意画卷中
青田居
080

有自知之明而不自我表现，是一种谦逊的建筑思想，一个关于自省、自然、安静、谦逊的建筑思想，一种“自知不自见”、以理性收藏感性的设计者自制意味。设计师在此案的设计中使水泥量体与阳光对话，在深重的阴影里，他潺潺吐露时间存有的永恒密语。

无尽飘渺山水韵
宝鲸 · 富椿庄
086

禅文化体验式度假方式是一种全新的生活状态，是在传承融合禅文化、传统文化和民俗文化的基础上，进一步创新文化形式、业态模式和载体方式，通过禅意的文化休闲度假方式，使人们在禅境优势独特的山水之间，感受“新时尚东方秘境”的禅意生态魅力，使其有别于乌镇、周庄等传统江南水乡，形成“滋养心身”为鲜明特色的心灵度假模式。

一花一世界　一木一浮生
无锡耿湾拈花湾
094

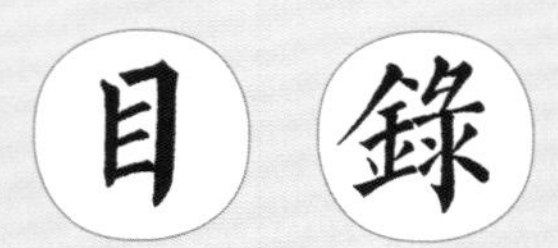

西技中魂
龙湖 · 天宸原著
114

2015龙湖首度进驻广州，联手山水比德强势打造"天宸原著"，创造融合"龙湖精神"与"岭南文化"的首个高端楼盘，倾力呈现"东方礼序美学"与"西方建筑尺度"的完美结合用现代手法全新演绎古典意境。天宸原著，精于质，奢于地。质是龙湖，地是岭南。精于筑，奢于境。筑是建构，境是借势。精于形，奢于心。形是气质，心是抱负。

创人居环境新理念
南京五矿崇文金城
128

以现代都市人的生活行为作为研究对象，提炼出"文化艺术&活力体育"这一人居环境设计新理念，点睛景观设计的灵魂，充分研究人的行为心理，使每个景观空间的营造都透露着人文关怀和学院派的文化气质。根据场地关系将景观分为三个组团，分别为灵动湾、绘景园与余音堂，使每个区和而不同，贯穿着青春活力、健康向上的艺术文化气息，以现代简洁的设计手法诠释着休闲生活的真谛。

西形东韵
东原郦湾
136

为更好地演绎和还原英伦的怡情生活，郦湾景观主要采用自然雅致式园林手法，点缀以英国贵族庄园、田园式、英国时尚街区式生活体验，现代时尚、亲和自然。

邂逅心仪的新苏州梦境
苏州龙湖时代天街样板区
148

采用现代主义的景观设计语言，通过简洁、现代的材料及流线型的肌理效果来展示极简主义的风格特点。空间布局形式上将中国传统园林与现代西方的和谐交融。

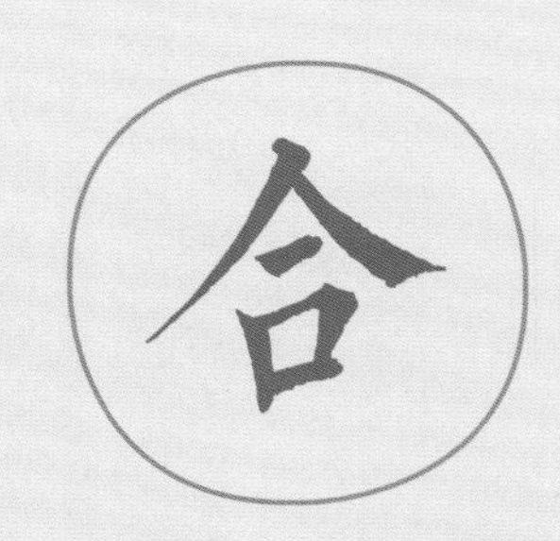

轻奢间略带自然野趣
龙湖 · 春江名城
156

龙湖骨子里蕴有“志存高远 • 坚韧踏实”的情结，以匠人精神，不断刷新雕琢品质，不断升华客户体验，追求诗意美学。山水比德秉持龙湖地产精益求精的精神、诗意栖居的生活态度，根据项目定位提取设计了具有顺德当地象征意义的“香云纱”，突出白天光影与景观的互动，寓意低敛含蓄、贵气盎然，以此作为春江名城的独特韵味——轻奢，亦正符合了当代精英的生活追求和居住理念：出尘不出城，轻奢间不舍生态野趣。

褪去浮华 天人合一
世茂 · 铜雀台
164

与建筑风格相符，景观继续沿用了折线和钻石面作为设计语言。如钻石般菱形面组合而成的矮景墙搭配镜面水景，干净又现代。银杏树阵，为入口空间标示景墙增添了气势。不高的锥形草坡是主要的植栽元素，干净简单，渲染了入口的滂沱气势又衬托了建筑。后庭院较为狭窄，在于工地隔离的景墙处，设置了一个三米多高的瀑布水墙，不仅很好的阻挡了工地的影响，又为后庭院带来一个大气的景致。

用细节书写万科传奇
重庆万科城
174

万科城沿照母山而建，紧邻照母山森林公园，拥有绝佳自然景观资源，设计方因地制宜，依托有利环境把万科城打造“健康的生活社区”，整个组团由 10 栋高层错落合围，分别设置了 5 重景观。景观设计采用“风光定位系统”以最大化满足居住者的观景体验。

因地制宜 浑然天成
东升汇
184

东升汇项目的地形初具山水骨架之势，设计师本着因地制宜的设计手法，将原有地形作了烘托突出处理，雕塑出一番高山——大湖——溪流之景，纵而观之，山、水、物的蜿蜒之态犹如游龙惊鸿，给予这片土地以特有的皇家之气，尊贵无比。山环水抱、藏风聚气的景观形态与中国古典文化底蕴深厚相辉映，营造出顺风和畅的气场，从而达到中国古代仁人志人心中天地人合一的和谐境地。

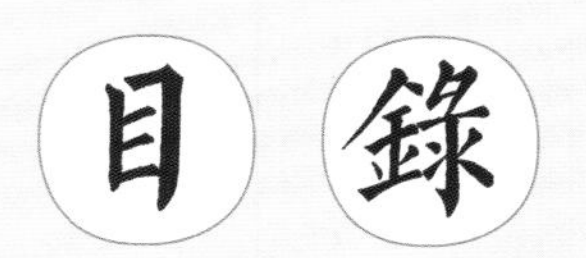

人文景观传奇
上海万科云间传奇
196

以现代都市人的生活行为作为研究对象，提炼出“文化艺术 & 活力体育”这一人居环境设计新理念，点睛景观设计的灵魂，充分研究人的行为心理，使每个景观空间的营造都透露着人文关怀和学院派的文化气质。根据场地关系将景观分为三个组团，分别为灵动湾、绘景园与余音堂，使每个区和而不同，贯穿着青春活力、健康向上的艺术文化气息，以现代简洁的设计手法诠释着休闲生活的真谛。

销售会所价值提升样榜
普罗旺世波特兰艺术文化中心
210

H&A 景观设计公司利用“白派”建筑理论中对“白”、“净”的论述，强调白净的广纳性。在墙面、地坪运用白色石材当基调，像素颜般的纯净，再让阳光自然的洒落其上，并随着一天中时间的推移及天气阴晴的变化，光线与阴影的表现也就有非常不一样的改变；绿、白、黑的简约基调也带出了最自然、人文的心灵享受。

禅意现代自然主义
泰国 The Key Sathorn - Ratchapreuk
220

The Key Sathorn - Ratchapreuk 位于曼谷吞武里区，是一个拥有超过 800 个公寓的居住小区，由三座公寓楼和一个停车场组成。这里闹中取静，交通便利，离曼谷的 Wutthakart BTS 火车站不远。小区的居住密度偏高，这种高密度住宅的户外活动区域通常被放置到小区最显眼的位置，以促进公寓销量。但这次景观设计并非从经济角度出发，而是意图为在此居住的居民打造一个舒适怡人的户外环境，并保证他们的私人生活不受外界干扰。

探索中式创新
苏州万科玲珑东区
230

项目设计概念来由蒙德里安的风格派产生的空间联想，源起苏州园林，空间布局晶格化后留在我们脑海中的印象。并将传统园林空间的步行系统以现代主义的手法呈现，提炼出现代主义景观空间的构成和流线形态。采用一观格局，二观立意，三观风格，四观手法，五观节奏，六观创新，在自然地形态下适形而止，避免过度设计，注重情绪体验和氛围营造的设计策略。

旧址改造示范空间
长沙万科紫台
238

厂房前侧有红砖办公楼落位在社区规划建设红线之外，行将拆除，如何更有意味地加以利用？如何协调主入口与毗邻的保留建筑二者之间的关系？诸如此类的现状与未来使用的问题摆在面前，探求如何以整体性设计策略解决细碎问题的思考，成为本次设计的起点。

雅致与精致相映成趣
中建锦绣天地
246

“中建锦绣天地”汲取中华文化瑰宝——锦绣技艺为灵感，将自然的雅致与缔造的精致融于这一方小天地，内秀其中，前场向内层层递进的空间感受，从阵列的仪式灯光到精心挑选的自然乔木，再到现代雅致的建筑入口，金属的肌理质感在水波涟漪中的斑驳树影相映成画。

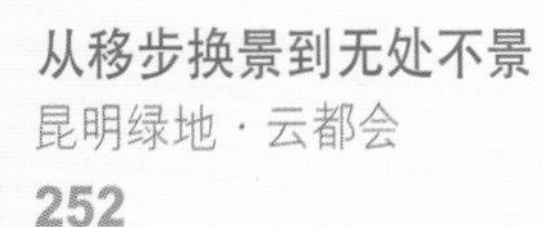

从移步换景到无处不景
昆明绿地 · 云都会
252

本项目跳出了以往样板区“动态观景，移步换景”的传统套路，探索出“静态体验，无处不景”的全新设计理念，更注重人们与空间、细节、服务的互动体验。体现在平面布局上便是没有常见的蜿蜒曲折的花径、或大或小的草坪，花纹繁芜的铺装，取而代之的是大胆前卫的平面构图，现代简洁的线条组合，强调立体感受的空间营造。

现代豪宅典范
上海万科陆家嘴翡翠滨江
260

在景观规划方面，不惜利用大量土地资源，建造了相当于一个淮海公园大小的绿化景观。运用水景和绿植为现代风格的建筑和硬质景观注活力，增添人文气息，营造宜居、高端的现代豪宅典范。

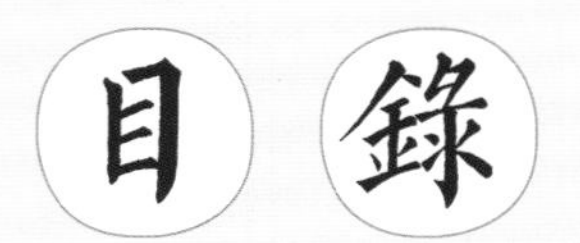

时尚与文化邂逅
万科长沙金域缇香
268

秉着“大气时尚、干净纯粹”的设计宗旨，设计师们从“空间 - 光线 - 质感”三方面出发，发散思维的同时紧扣表现“高尚居住文化”主题，对整体色彩、造型进行组合变化。整个展示区的主墙面为大方简洁的浅灰色清水混凝土材质，借用“书阁”的木构架造型及暖色调重点照明进行立面构成，令整个空间感到质朴却不失设计感。

东方的弗拉明戈
郑州万科城展示区
276

万科城的周边环境乏善可陈、地势平坦、尺度很大，所以景观设计必须确立一个独特的城市形象。前广场像网格一样交错的步行道定格了人行动线，在步行道之间建造超尺度的人造地形、旱喷广场、儿童游乐区，让人对这个场地难以忘怀。

如何塑造新的线索，穿越一片既有的生态风景，又如何沟通这片风景与新构建筑群之间的关系，这是我们在东莞万科松湖中心首开区景观设计中需要面对的问题。在本项目的施工营造中，需要面对两个方面的难点：一是包括地形、植被、水体的现状条件的复杂性；二是大量多面折线几何形体塑造与饰面通缝处理的完成度。

因地制宜的现代示范景观
东莞万科松湖中心
284

创建一个中西合璧、现代的纯独栋时代庭院，是我们对该项目的景观设计定位。即是把东西方精髓结合，极力营造一种现代化的智慧空间，同时追求自然的精神与气息。

隐隐于市 森林大宅
华侨城十号院
296

现代自然主义营造尊贵田园生活
景瑞绍兴上府
306

SED 新西林景观国际在设计中延续建筑设计的恢弘大气、低调奢华的装饰主义基础，将新古典风情与自然园林融合其中，用现代自然的设计手法营造出山水间尊贵的田园别墅生活。

人文气息浓厚的现代自然主义
文华苑
316

创造环绕基地四周纯粹而丰富的绿层次，顺应着与绿地的连结，空间的串连以及对应室内空间使用，娴静的气质油然而生，使坐落在这闹中取静的住宅，得以感受存在于自然之中。

景观设计以“艺术、阳光、运动”为设计出发点，以一轴四园区的设计结构，一轴为意大利当代艺术轴，四园区分别为“嗅觉体验区”，“视觉观赏区”，“休闲运动区”，“静思遐想区”，营造了质朴、浪漫、优雅而亲切的景观氛围。通过不同景观手法来体现不同主题的景观园区，让整个社区的景观赋有生活气息，更贴近生活。

质朴而优雅的景观情感空间
成都华邑阳光里
324

宝辉售楼中心所采用的绿化方案旨在传达出一种绿意盎然的景象。在圆滑的木材与硬景观石材表面的衬托下，这种景象尤为明显。为了让业主远离城市的喧嚣，换来一片宁静，美丽的居所，设计务必要保证绿色景观无处不在。Landworks Studio,Inc. 工作室的设计巧妙地借鉴了中国经典园林元素，同时通过注入现代元素，使得花园流露出一种平静感。然而，就如同中国式茶园一样，中心景观元素为一处让人平静的倒影池。

现代简约的静 空 灵
宝辉售楼中心
330

融合儒家、道家、佛家等文化，
传承中华古典园林景观布局与造园精髓

傳承

楼盘信息

楼盘区域：城郊
建筑类型：
别墅、高层
项目类型：住宅
楼盘绿化率：30%
楼盘容积率：1.05

演绎现代都市的世外桃源

项目名称：泰禾福州院子 | 客户：福州泰禾房地产开发有限公司 | 项目地点：福建省福州市 | 景观面积：65 000 平方米

奥雅设计集团 设计作品

设计理念

福州院子是奥雅精心打造的第五个泰禾新中式作品，景观设计秉持新中式的设计原则，用现代的手法探索中式园林的精神内核，赋予其中国园林的思想文化，并力图满足使用者的现代生活功能需求。

项目概况

该项目位于福建省福州市仓山区螺洲镇，至福州市中心区只有15分钟的车程，周边景观资源十分丰富。项目景观设计风格定位为现代、中式和文化，旨在以现代中式的阐释和对自然环境的人文关怀让人们获得园、街、坊、巷生活的精神回归。

景观设计

在园林设计上，我们深刻挖掘了螺州的千年文化，整体设计借鉴福州“三坊七巷”理念，既有深宅大院的尊贵感，又不失“庭院深深深几许”的轻松宁静、从容超然的景观氛围。别墅区通过围合的规划布局，营造了一种深墙大院、小街小巷的居住气氛，充分强调了住宅的“贵”和“隐”。高层区则通过围合的布局，打造了一个世外桃源，更加强调和自然的充分融合，打造了一个“天人合一”的居住境界。

人文理念

古往今来，我们的先人一直在不断寻找最适合中国人的居住方式，在不断地寻找我们理想中的桃花源。诗意与自然的栖居，“结庐在人境，而无车马喧”，是中国人最高的居住理想。泰禾福州院子把家与诗意的自然巧妙的融合在了一起，创造出了一座集中国文化之精髓的新中式私家园林。在这里，人们既可以静心独处，也可以与家人共享天伦、与亲友谈天论道；在这里，我们出则得都市之繁华、入则享自然之安逸。

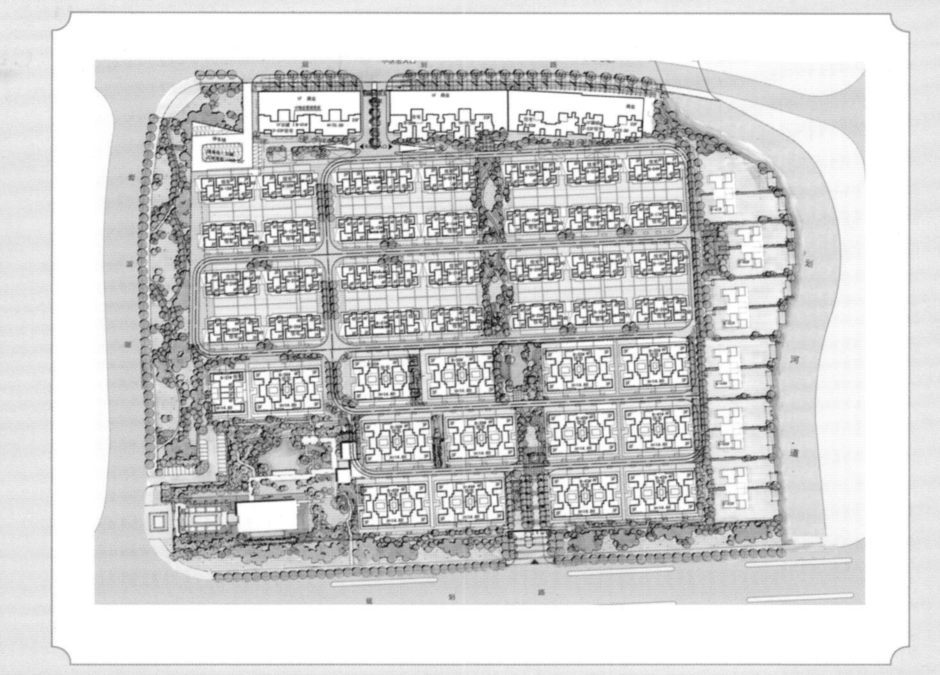

楼盘平面图

楼盘信息

楼盘区域：郊区
建筑类型：会所
项目类型：商业、展示
示范区造价预算：
400 万

品悟禅意人生

项目名称：惠州中信紫苑·汤泉会馆　|　客户：中信地产　|　项目地点：惠城区惠州大道298号

台湾大易国际设计事业有限公司
邱春瑞设计师事务所　设计作品

设计理念

禅是东方古老文化理论精髓之一，茶亦是中国传统文化的组成部分，品茶悟禅自古有之。设计师以禅的风韵来诠释室内设计，不求华丽，旨在体现人与自然 的沟通，为现代人营造一片灵魂的栖息之地。

项目概况

中信汤泉位于惠州大道小金口，占地 1.7 平方公里。项目依山傍水，拥有“一湖两水五山”独特自然景观，商务、旅游、度假、户外拓展等为一体。 中信汤泉项目总建筑面积 28.18 万平方米，其中二期地块总建面 4.25 万平方米，其中酒店共约 2.59 万平方米，可售别墅共约 1.66 万平方米；三期地块别墅地块总建面则是 23.93 万平方米。其中白金主题度假酒店是以“中式建筑、东方意境”为主题，建筑风格清新细致、诗情画意，从多个角度创造东方文化意境，通过借景、补景等方式，让建筑和山水、岩壑、花木融为一体又相映生辉，实现人与自然的和谐共生。 中信汤泉此次推出的酒店后区 是 39 套 Townhouse 别墅，与酒店风格一致的中式大宅，以东方意境为主题，结合前区客房组团空间，既可观赏湖景资源，又可欣赏独特的“稻田风光”。此外，该 39 套中式大宅还坐拥温泉入户、私家 spa 等专属配套，并全权交由酒店管理，享有专业的服务和私密的尊享体验。

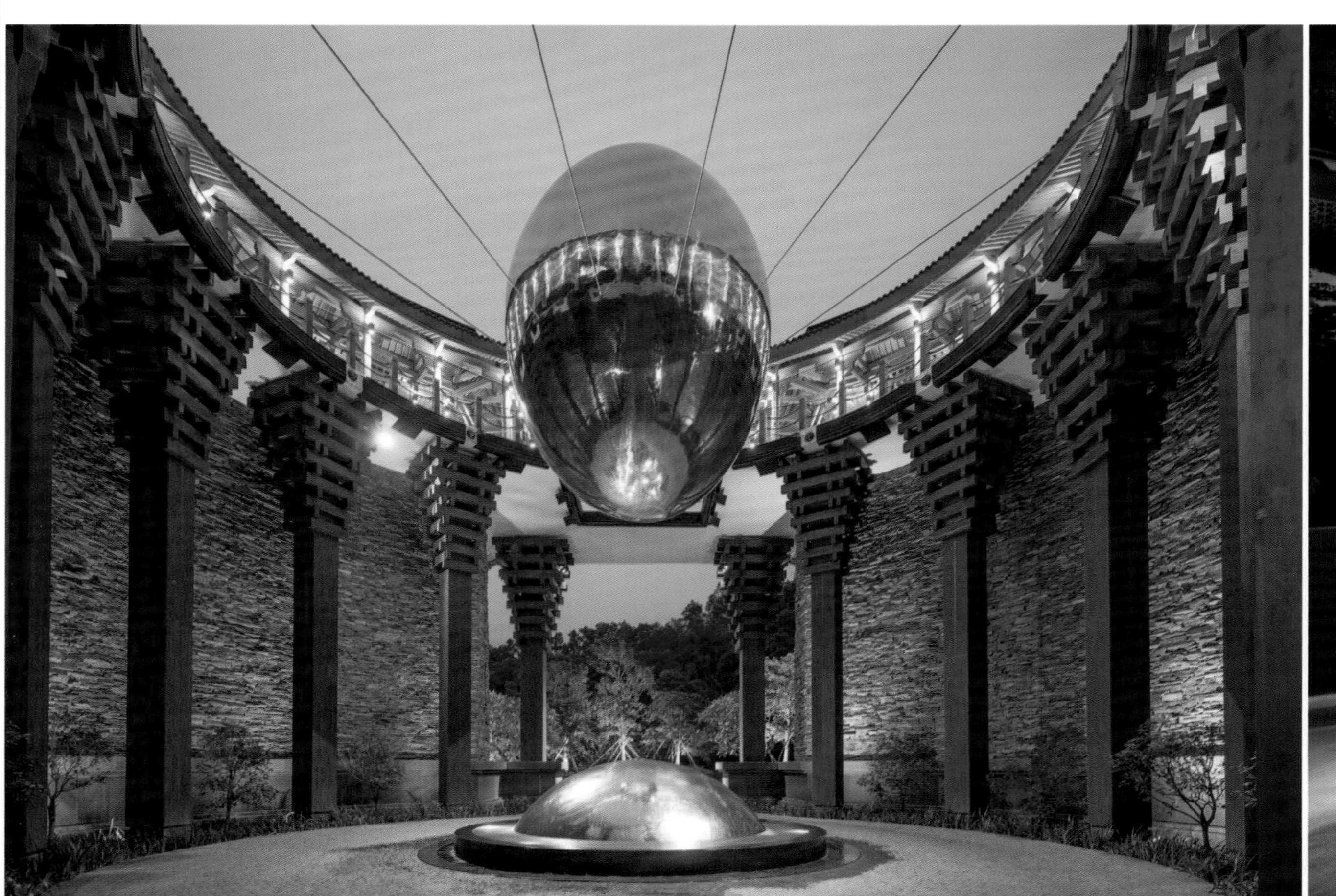

P

设计说明

本案设计师将现代气息揉合东方禅意，将空间演绎一个优雅的品茗空间，软装并以「茶」作为引子，凝聚整体空间感，同时也向前延伸了空间体验。茶室各个空间 用木格隔成半通透的空间，坐在包间内品香茗，心静则自凉。纵横结合更加脉络清晰，其复合性与包容性，赋予空间的无限想象。呈现细致优雅的空间氛围及简洁宽 敞的空间感。

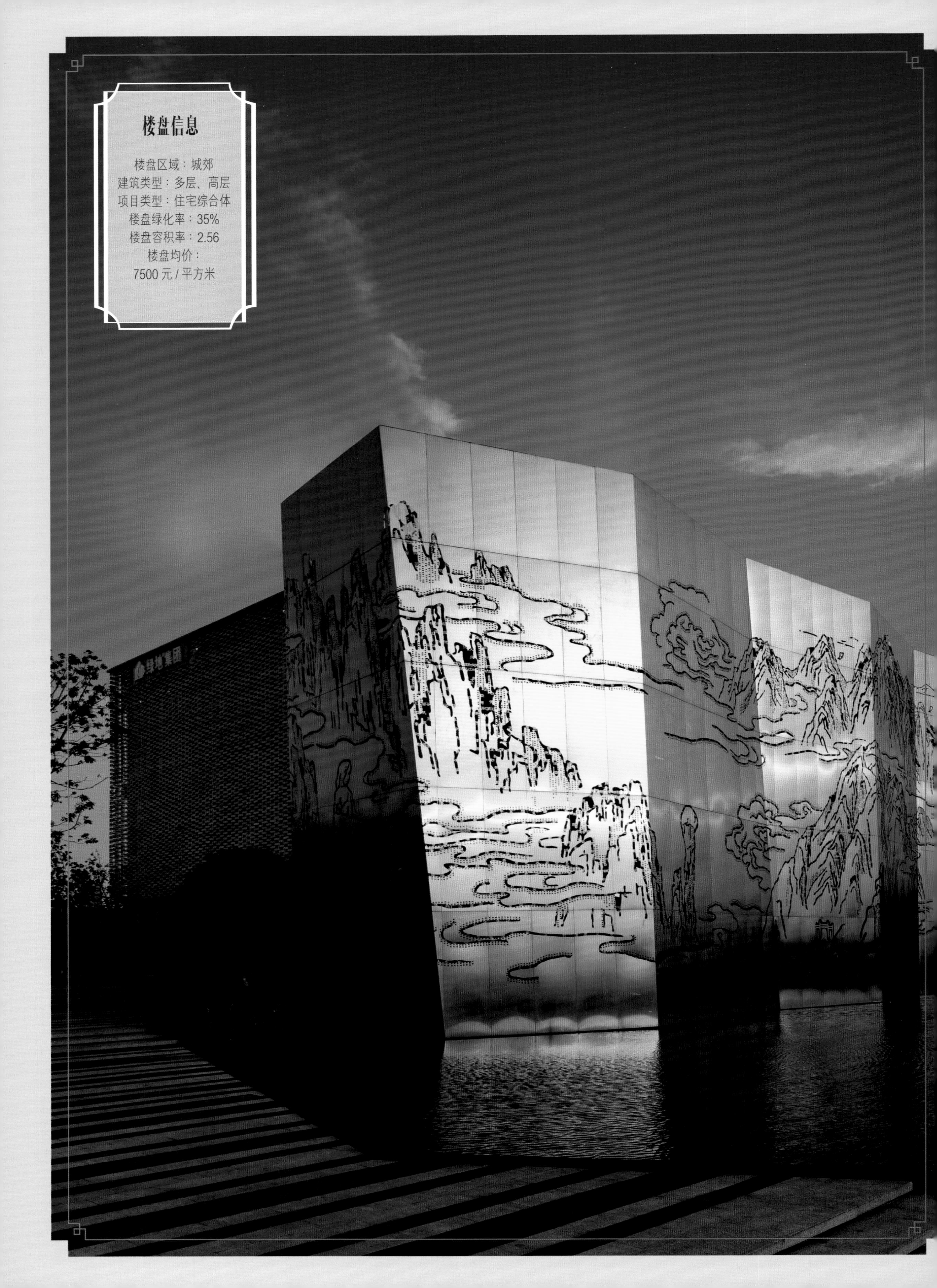

楼盘信息

楼盘区域：城郊
建筑类型：多层、高层
项目类型：住宅综合体
楼盘绿化率：35%
楼盘容积率：2.56
楼盘均价：
7500 元 / 平方米

演绎现代中式多重内涵

科技、生态邂逅人文艺术

项目名称：南昌绿地博览城体验区 | 客户：绿地集团 | 项目地点：江西省南昌市
项目面积：17 250 平方米

水石国际 设计作品

设计理念

整个博览城住宅项目主打理念为“玉”主题产品系，设计需在整体理念背景下，展现人文、艺术、健康、科技、生态的居住主题文化。以健康生活的整体概念出发打造，即容纳复合功能需求又涵盖特定文化主题的售楼处景观。

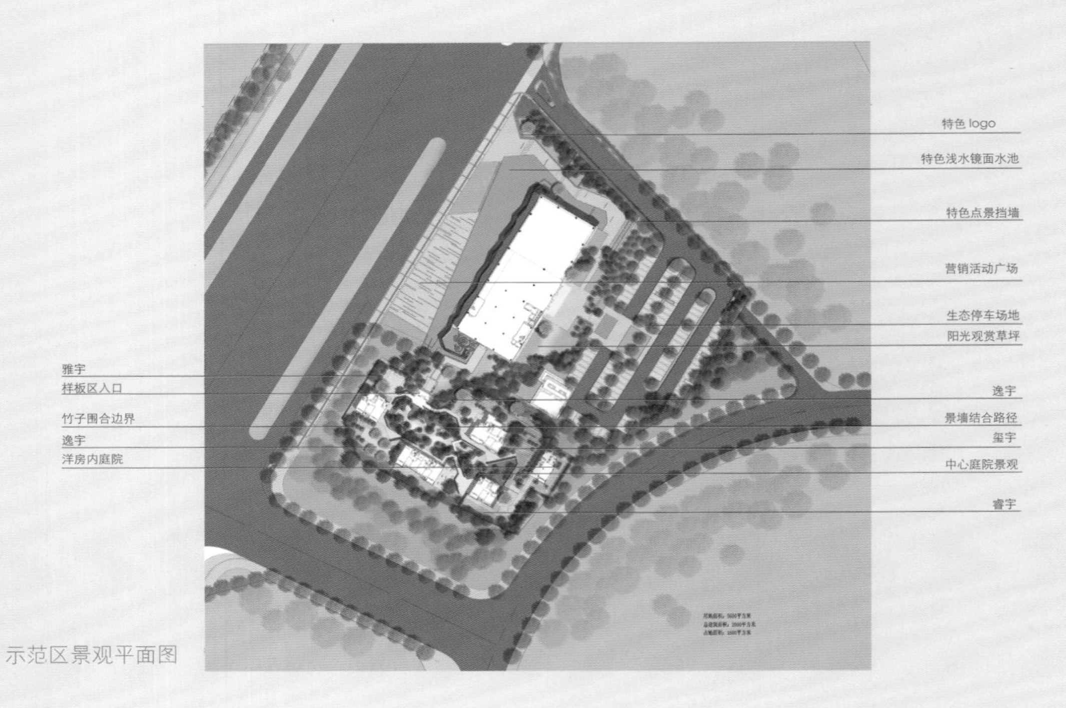

示范区景观平面图

项目概况

本案为绿地南昌博览城产业新城住宅项目的售楼处，如何表达博览城不同住宅产品系的风貌及绿地南昌对于居住文化的解读和高品质追求是本案设计的重点。

入口广场设计

入口前广场结合建筑的山水主题立面设置镜面水景，水镜反射建筑及周边的环境关系，形成多重山水界面，营造出文化主题浓郁的前广场营销展示空间及道路展示界面。

与景墙一体化的特色 logo 引导人流通过带状的层级步道到达售楼处入口空间，特色的折面不锈钢景墙结合旱喷、主题展示灯箱形成丰富的景观端景展示墙。与草坪空间、特色景观步道、展示广场一起构成售楼处入口主题广场。

庭院设计

样板房展示庭院打造墙宇的主题概念，中心庭院结合枯山水的概念形成了观赏为主的文化主题展示区，周边五个展示庭院结合户外洽谈、儿童娱乐展示、漫步健身路径展示等停留休闲功能主题，形成体验丰富的趣味空间，客户在步移景异的空间中不断感受、加深售楼处对于居住文化的认同和理解，构想未来的生活场景，从而产生归属感。

墙，延续建筑展现江西魅力百米长卷的概念，用墙的概念界定内部、外部空间，内圈墙体的引导和阻隔形成连续的环形路径，外环的墙体结合内墙形成多重空间；宇，强调墙体的围合与渗透形成无限延伸的空间，形成中心的墙宇庭院及周边五个主题文化展示庭院：玺宇（人文）、逸宇（休闲）、雅宇（艺术）、澜宇（自然）、睿宇（科技）。

省府核心
110/120/140/170

全球之势

楼盘信息

楼盘区域：市区
建筑类型：高层
项目类型：住宅、别墅
楼盘绿化率：48%
楼盘容积率：2.64

以现代之形塑中式之魂

定制极至品质示范区

项目名称：南京正荣润峯 | 客户：南京正荣江滨投资发展有限公司 | 项目地点：江苏省南京市 | 项目面积：79 805.12 平方米 |

意大利迈丘设计事务所 设计作品

设计理念

项目定位于充满生机与活力的高端生活品质社区，将"润峯"的项目理念融入场地设计，以"门之尊"、"院之礼"、"墙之境"、"水之润"、"石之峯"五大设计策略，通过巧妙的设计展现不同的景观元素的震撼与美感，同时18个特色迥异的庭院设计（如翰林院、长乐院、水榭院等），都如画一般，步步有景看，给人一场视觉上的感官之旅。

主入口接待展示区效果图 1

主入口接待展示区鸟瞰图

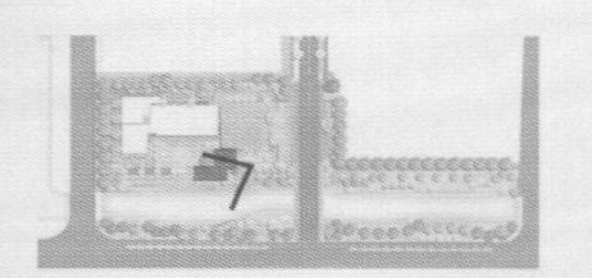

休闲廊架与滨水观景平台效果图

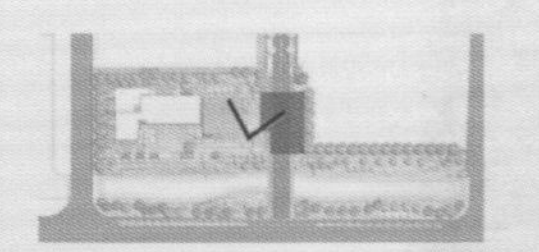

主入口接待展示区鸟瞰图 2

项目概况

项目位于南京，是中国四大古都之一，有“六朝古都”、“十朝都会”之称。建筑规划布局传承南京古都建筑文化，将轴线与院落的布局方式与场地现状完美结合，利用艺术手法巧妙地融入设计。多样化主题与人性化设计的院落空间充满艺术气息与文化氛围，以现代简约风格打造出属于南京的全新人居院落景观空间。

空间设计

社区空间“十八院”，每个院落都被赋予独特的功能与特色，将大自然的神奇、美好与人工的巧夺天工逐一呈现，跌水、雕塑、草坪、亭廊、儿童游乐、老人健身等等，对院落空间的整体设计经营，利用文化丰富空间，景墙分隔空间、雕塑点缀空间、水景活化空间，植物营造空间等造园手法，渲染“欲扬先抑、起承转合、步移景异”的多样化空间节奏。随处可见的细节处处体现文化传承，给居民的闲暇时光中提供一处静谧、惬意、雅致的居住空间。

景墙设计

本案设计有造型独特的景墙，凸凹不平的石砌营造出浓郁的艺术感，另外墙体上还设计了镂空的造型。深灰色的墙面上点缀些颜色亮丽的小摆设，深沉之余又不失活泼。景观墙既满足美观的效果又起到屏障的作用，给人一种神秘感。

ROYAL FAME
正荣·润峯

打造独具魅力的皇家园林

项目名称：绿地银川国际交流中心 | 客户：绿地集团 | 项目地点：宁夏银川市 |
项目面积：634,700 平方米 | 摄影师：刘汉军

澳派景观设计工作室 设计作品

设计理念

景观设计借鉴了中国北方皇家园林的精髓，通过采用现代简洁的设计语言，溶于与建筑风格一致的汉唐语言符号，将建筑和周边自然景观如群山、岩石、森林、湖泊、溪流等融为一体，打造一个独具魅力的高端经典山水度假酒店。

项目概况

银川国际交流中心位于银川阅海西侧，距离银川市约 6 千米，与中阿论坛和阅海湾中心商务区隔水相望，地理位置优越，周边资源丰富。

景观设计

中央湖景和草坪为设计的重点。建筑周边设计景观平台、庭院空间、湖景和溪流，供客人欣赏、使用。植物的设计季相显著、层次丰富，主题性花园通过呈现嗅觉、味觉和听觉的不同体验，创造了多种令人难忘的场景。

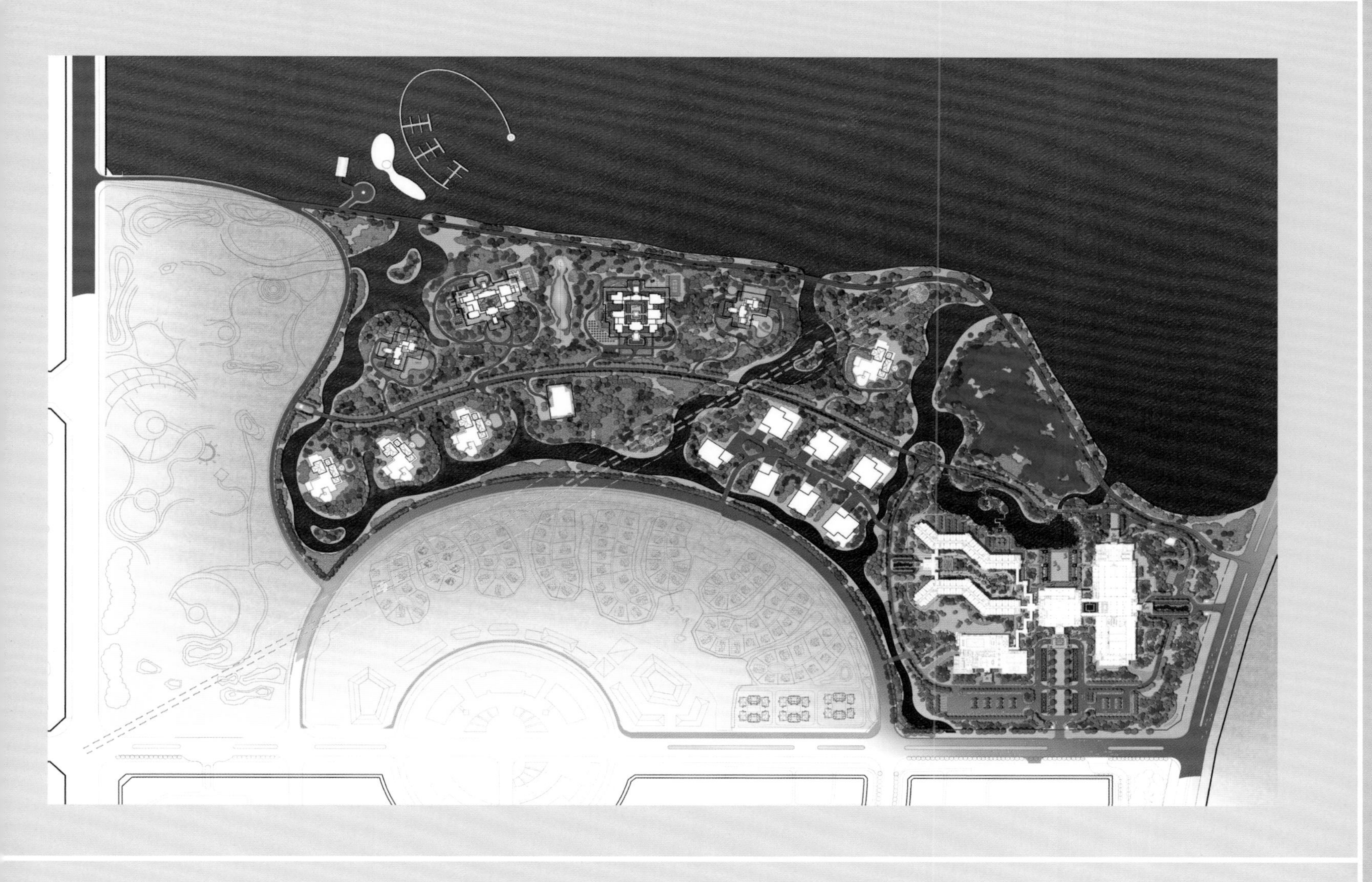

水景设计

“落霞与孤鹜齐飞，秋水共长天一色。”不再只是滕王阁绝美的画面。在这里，同样可以在同一副画面里欣赏到落日、水、天。岸边的杨柳依依，纤细的柳枝随风摇曳。湖水边还建有观景亭，访客可以一边休息一边欣赏落日的美景。水中的倒影也增添了不少优美的景色。

河道剖面图

河岸剖面图

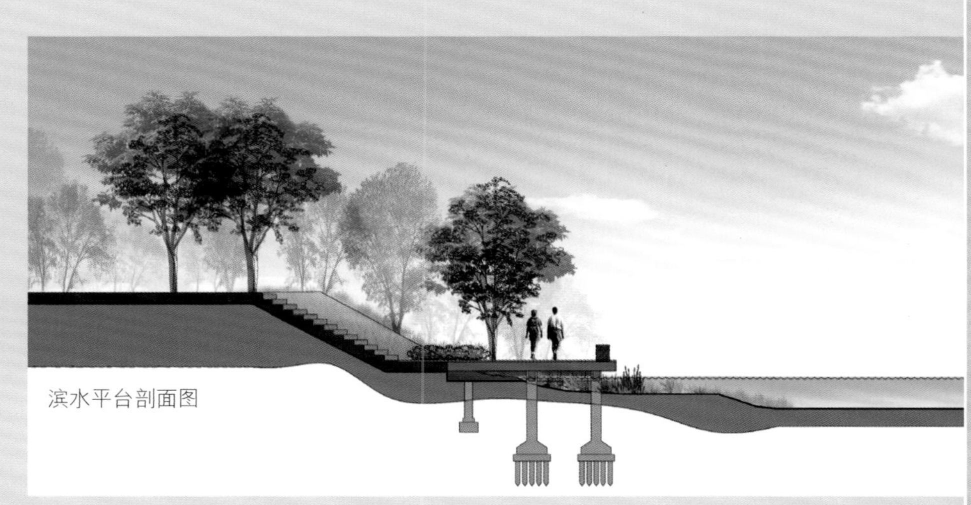

滨水平台剖面图

景观里的华人文化

项目名称：曼谷中国文化中心 | 客户：中国国家文化部 | 项目地点：泰国曼谷 | 项目面积：8 222 平方米
摄影师：房木生、吴云、王永刚

房木生景观设计（北京）有限公司 设计作品

设计理念

曼谷中国文化中心的景观设计，是在对建筑规划的深刻理解上做出的，景观与建筑完美融合，让人们无法分辨哪里是建筑的终点，哪里又是景观的起点。景观在这里，与建筑一起，完美地体现了现代中国的文化建筑形象及文化价值观，同时，也体现了我们的自然观。

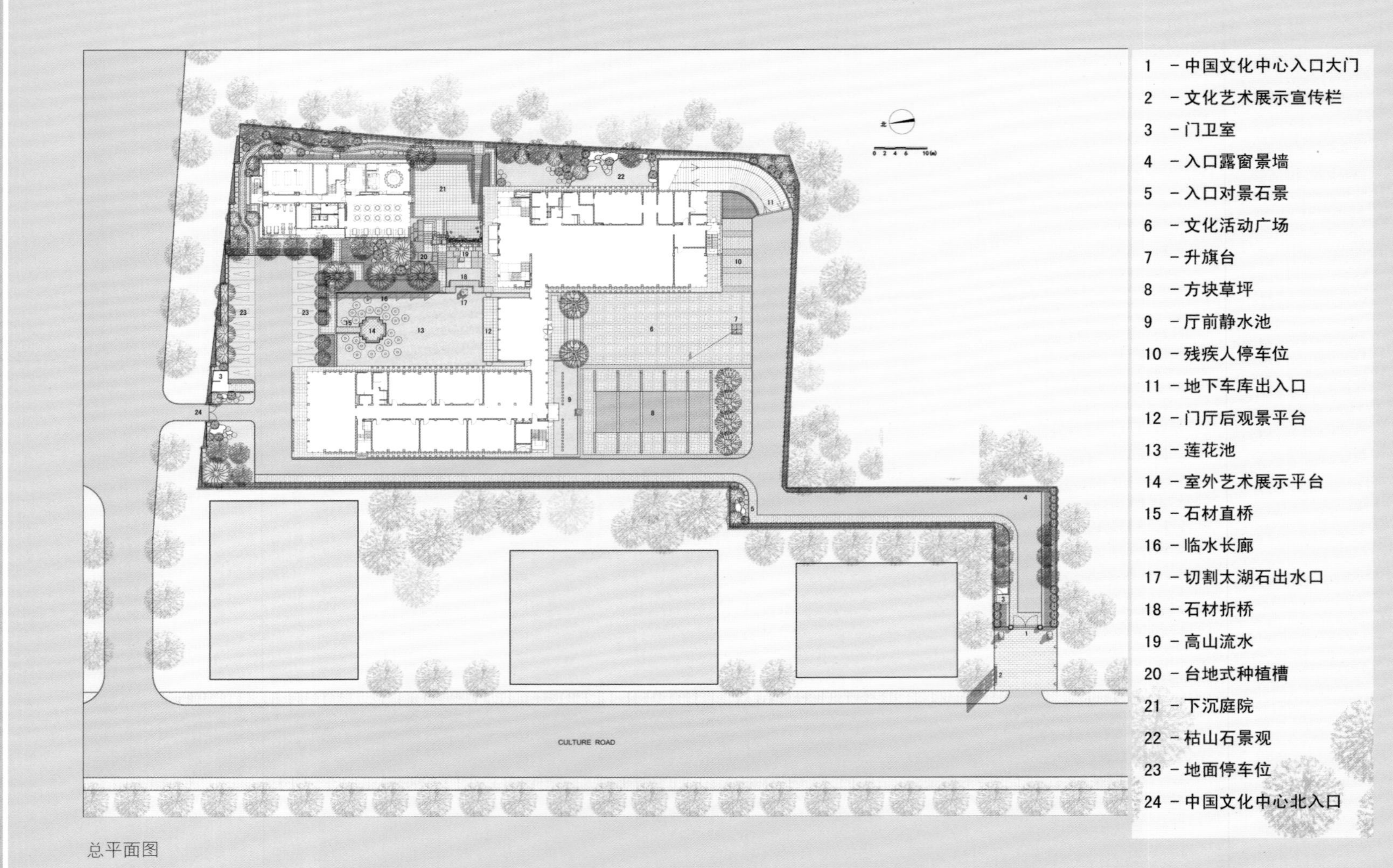

总平面图

项目概况

海外中国文化中心是传播中国文化和促进文化交流的一种官方机构。它提供传播和表达中国文化的场所空间，而提供这些场所空间的建筑和景观本身即是中国文化表达的一部分。在泰国曼谷的中国文化中心，建筑由著名建筑师崔彤（中科院建筑设计研究院总建筑师）领衔设计，景观设计则由房木生景观工作室主持。

整体设计

曼谷中国文化中心的景观设计面临的对象，主要有：导入空间、前广场、后院、下沉庭院以及围界等零碎空间。设计的核心问题，是中国文化价值观的表达及其与泰国文化呼应的可能。

“Z”字形主体建筑连接处，建筑师设计了一个通透的门厅，门厅前后，即为前广场和后院。景观建筑师给前院的定位是“敞阔明朗”，后院则是“深邃幽静”。

前院设计

前院的敞，主要由铺装、草地和一根旗杆、四棵小叶榄仁、十盏矮灯组成，敞亮、开放为稍大规模的室外聚会提供了可能，也为建筑的整体亮相提供了场地。前院更多的是人工场地，这里阳光灿烂，草地碧绿，体现的是端庄、大气的氛围，可以举办热烈、包容、开放的文化聚会。

后院设计

后院的幽，则主要有一个深幽的莲花池组成，边缘有折桥、木廊，水中有平台、莲花。折桥的中间，围合了一块方形的切割有洞花岗岩，它作为水景的出水口，扮演了一种既含中国古典元素又有现代新造型的园林形象。静谧的水池，为繁复规律的建筑倒影提供了表演舞台；莲花静静盛开，也焕发了自然的蓬勃生机。

下沉庭院设计

后院的折桥东边，主体建筑与员工公寓之间，景观建筑师设计了一个下沉庭院，名曰“高山流水”。下沉庭院连接公寓的餐厅和主体建筑的地下车库，景观建筑师将庭院完整地设计为一个开敞的室外餐吧场地。而连接后院与下沉庭院处，高差一层楼的空间，就是“高山流水”。高山流水遇知音，设计师通过景观空间的手法表达了中国文化中心的主题。具体的设计里，设计师利用斐波纳契数列关系，将石块由大到小进行排列和凹凸关系对比，水流其中，水瀑则被由整到碎进行分割，结合高低错落的台阶及种植空间，形成一块现代版的“高山流水图”。“高山流水”以其简洁但又丰富的形态，构成了中国文化中心景观庭院的点睛之笔。

迂回道路设计

中心主体建筑不临街，从入口到前广场的路径需要折返两回，这种折返迂回的空间展开方式，恰好被设计师捕捉到并与中国经典的园林空间展开方式如留园的路径空间建立起了联系。

主入口设计

院落的大门前，留出了一个小型的集散广场，除了放置高耸的广告展示标识牌，还放置了一对与北京恭王府一样的石狮子，红门、石灯笼等片段的中国元素设计，营造了一个尊严大方而又谦逊不过分张扬的、适度的大门空间。大门后，折线形的路径，由围墙和两旁竹林夹引，对景则由冰棱花窗和景石种植等形成视觉焦点。围墙的豁口设计和灯具设计，借鉴了建筑层层出挑的意象，整体上是建筑母题的延伸。在这里，景观与建筑得到共生。

“高山流水”鸟瞰图

水墨笔触间，天开云朗

项目名称：心景·缙云国际旅游温泉度假区 | 客户：云南心景旅游集团 | 项目地点：重庆市北碚区
设 计 师：汪杰、杨洋
占地面积：102 359 平方米 | 摄影师：简仁一、刘俊杰

重庆尚源建筑景观设计有限公司 设计作品

设计理念

该项目作为一期项目，打造出了一处高端五星级温泉度假酒店，可谓隐藏于缙云山中的风景。以“心净”——“褪尽浮华、洗尽尘埃”为设计理念，使得人们身心得以释放。设计师将繁杂的思绪塞进简约的空间，通过简约的设计手法，营造精致、宁静、休闲、禅意的空间氛围。

项目概况

在被评选为世界温泉之都的背景下，重庆亦着力重打造了北碚十里温泉城。整个项目分为一期和二期，属于十里温泉城重点项目，总占地面积约为666 667平方米，总投资达30亿元，其中一期为五星级温泉度假酒店及其配套设施，二期为佛禅超五星酒店和心景顶级院落汤墅。

设计说明

该项目场地为原生山体，尽可能地减少对山体的破坏，保护山体的原生形态，充分地展现了重庆山地度假区的特点。除此之外，还将本地与现代的材质相互结合，加上精心设计的制作工艺，突出了地域特色，创造出充满巴渝文化氛围的静谧世界。无论是场地中最顶端的无边水景，还是藏于林中的幽静汤池，以及窗外的风景，每一处都是精心营造，呈现出一种高贵、舒适、雅致的生态环境氛围。

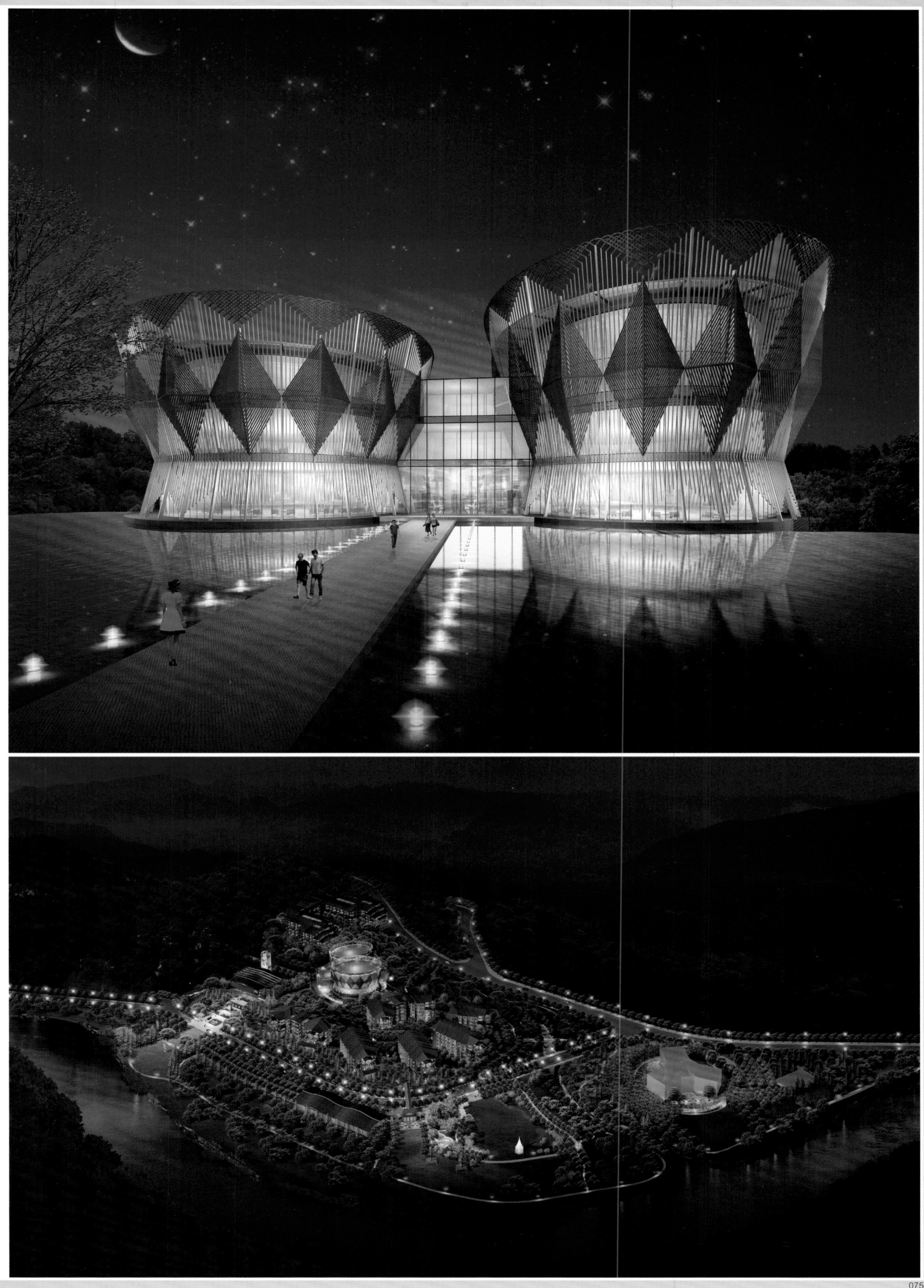

心景缙云 国际温泉度假中心
International Hot Springs Resort

水墨笔触间，天开云朗

项目名称：青田居　|　项目地点：中国台湾省台中市　|
占地面积：362 平方米（室内）、975 平方米（景观）　|　摄影师：简仁一、刘俊杰

常季设计　设计作品

设计理念

本案运用建筑体围塑出内部的绿化空间，让绿意融入居住环境，更为贴近生活，营造园与林的意象概念。街市盘缠之间植下几株老松、青枫，春夏时节的浓绿湮湮漫漫，溶进了水雾染湿石壁；再辽远一些的深秋经过，浅水塘让落叶辗转却始终波澜不兴，全部成为端景，让那如山石般量体坚实且姿态静定的建筑主体框画成局。

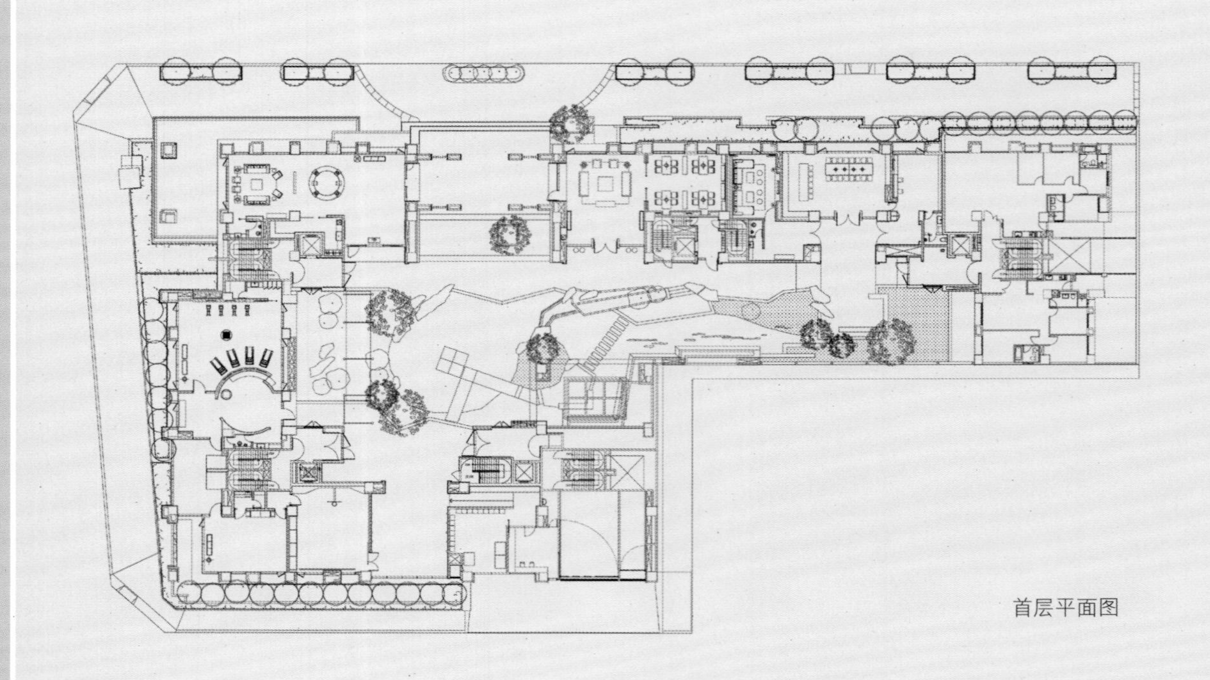

首层平面图

项目概况

项目位于台中市，设计师以市嚣退缩为背景轮廓，在这方“青田”展开一幅现代山水长卷，时光随窗外松树、青枫的枯荣，彷佛悠缓下来，点缀在黑白、褐灰的水墨笔触间，天开云朗。

入口设计

在入口处，以五叶松植栽作为视觉与动线的缓冲，让视线不直接望穿居住的活动范围，保留居住者的私密性；动线则能分流，让访客适度的停留无需穿越居住者空间。

空间动线设计

空间配置上分为动态与静态，大厅会客区及交谊厅规划为接待空间，阅览室、视听室、生活讲堂所属静态空间，而动态的活动空间则为健身房、瑜珈室、室内球场。

中庭设计

中庭，借由设计转化后呈现自然的美好，不仅邻街的居住空间享有采光，中庭的居住空间也能引入自然光源，体悟四季时节的变换。水景为主要设计搭配植栽绿化，水的律动自由衔接出水池区域，高低落差形成丰富的层次。

会客区设计

大厅会客区，主要建材以深色石材为主，除了与其他空间作区隔外，还营造出沉稳、内敛的空间调性。设置浅色带有纹理的石材作为室内地坪，天与地、壁与面、颜色与材质的对比，丰富视觉。挑高区隔栅以温润木质结合灯光，投影出和谐意境。

“动静”空间设计

阅览室和生活讲堂，墙面延续浅色石材，营造明亮而宽敞的人文空间；运动空间，以浅色裱布搭配深色木皮，天花板曲线造型与格栅线条，增添空间中的律动感，在不同的视角中显得趣味。

惠宇青田

无尽的溪山清远

项目名称：宝鲸·富椿庄 | 客户：宝鲸建设 | 项目地点：中国台湾省台中市 |
项目面积：一层室外面积 346.5 平方米，二层室外面积 166.6 平方米，
三层室外面积 303.6 平方米

大研空间室内设计研究所 设计作品

设计理念

有自知之明而不自我表现，是一种谦逊的建筑思想，一个关于自省、自然、安静、谦逊的建筑思想，一种“自知不自见”、以理性收藏感性的设计者自制意味。设计师在此案的设计中使水泥量体与阳光对话，在深重的阴影里，他潺潺吐露时间存有的永恒密语。

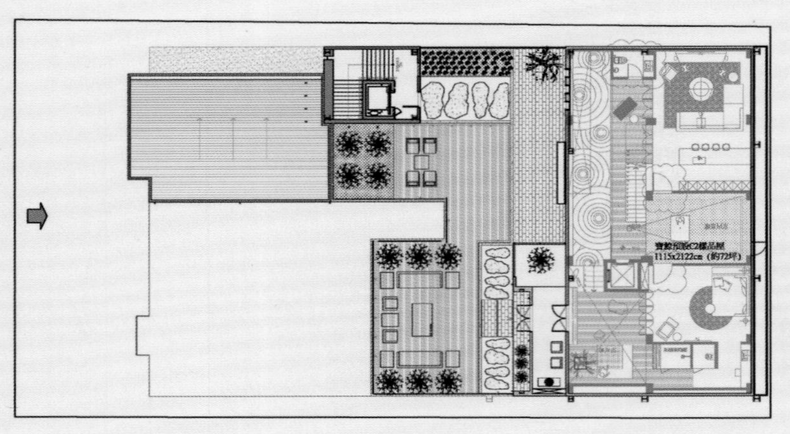

三层平面图

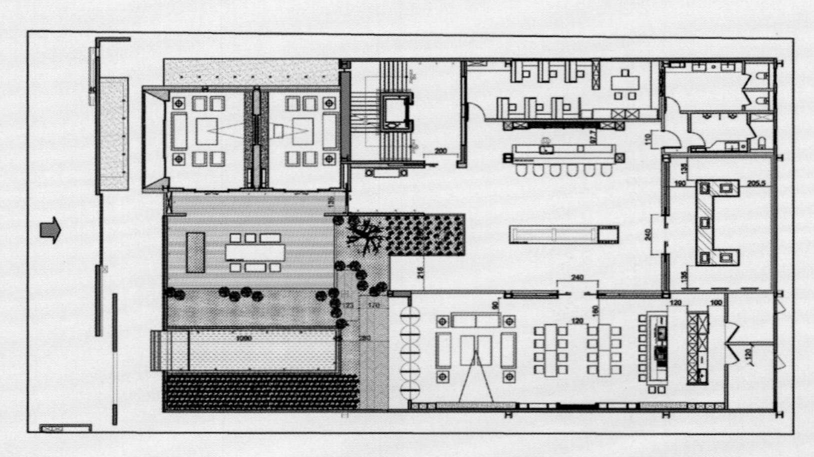

二层平面图

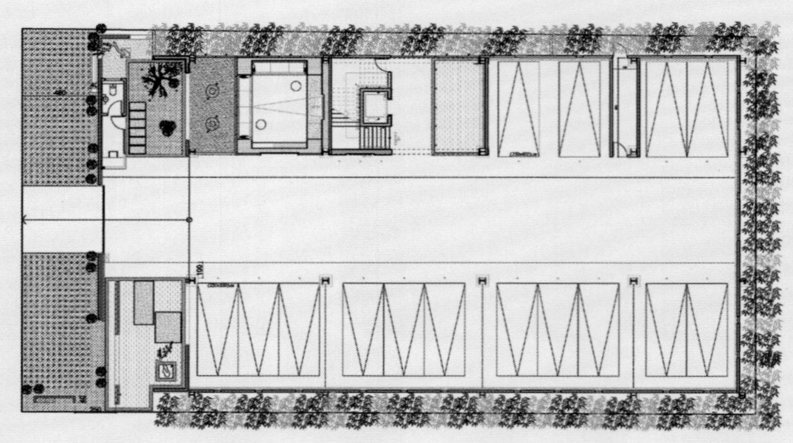

一层平面图

项目概况

本项目为约 1 320 平方米的基地，位于台中市惠来路 2 段 80 号七期的住宅大楼中。业主租五年，希望可以在这里塑造企业形象，在会馆举办一些艺文活动和住户们联谊互动，并传达他在建筑上的想法。

设计灵感

本案的设计来源于南宋夏圭的《溪山清远图》，山水长卷，纸幅凡十接，图写溪山无尽之景。景致依次为郊原、山村、湖影、巨岩、桥梁、高峰、路店。景与景交组，虚实并用，实近于眼前，虚则远在飘渺中，成无尽景，正是典型的南宋构图。夏圭善用水墨，浓淡酝酿，运用自然，就如同南宋的山水画，以溪山清远图为例，所发展出来将山水天地的地位，置于比人与物更重要的深沉哲思意涵，显示在中国文化的传统宇宙观里，大自然本是亘古生生不息、而人类不过是山水的行旅过客的思想。主客位置清楚明白，其中所显现人的自敛、谦卑对宇宙的尊敬臣服。

绿茵与水景设计

墙的外面是一片绿茵，墙的里面是潺潺水流。你走过来，伫足、凝望。我走出来，微笑、相视。步行进入内庭，在水、自然、绿意中，找到吉光片羽的诗意。

入口设计

玄关处，隐匿的水瀑装饰幽微的入口，运用步行序列让访者进入宁静的境界，在建筑的室内中画一幅写意山水；光明的入口转换人的心灵，空间里制造实与虚，建筑立面的开窗，关照外在环境与内在的自醒，仪式性光线，转换心情。

石墨与墨竹

以墨深为面，墨淡为背，墨竹以光影写一首诗。未经修饰的清水模墙，如实纪录了材料的虚与实，柔与刚，在石墨上演绎色泽素静、静谧的空间。旅程的开始，不再为了追寻目的而走，而为了体会其中。

雅苑

一花一世界　一木一浮生

宁静悠闲的禅意小镇

项目名称：无锡耿湾拈花湾　|　项目地点：无锡（马山）太湖国家旅游度假区
建筑面积：350 000 平方米

上海仓永景观设计公司 设计作品

设计理念

禅文化体验式度假方式是一种全新的生活状态，是在传承融合禅文化、传统文化和民俗文化的基础上，进一步创新文化形式、业态模式和载体方式，通过禅意的文化休闲度假方式，使人们在禅境优势独特的山水之间，感受“新时尚东方秘境”的禅意生态魅力，使其有别于乌镇、周庄等传统江南水乡，形成“滋养心身”为鲜明特色的心灵度假模式。

项目概况

灵山小镇·拈花湾，位于中国无锡云水相接的太湖之滨、秀美江南山环水抱的马山半岛，处于长三角的地理中心，灵山小镇·拈花湾规划面积 1600 亩，建筑面积约 35 万平方米，小镇规划有禅意主题商业街区（香月花街）、生态湿地区、度假物业区（竹溪谷、银杏谷）、论坛会议中心区（禅心谷）、高端禅修精品酒店区（鹿鸣谷）以及可供千人同时禅修的胥山大禅堂。

设计理念

无锡灵山已被确定为世界佛教论坛永久会址，作为核心会址的灵山小镇·拈花湾，将建成融东方禅文化内涵和禅文化特色的禅意度假小镇。拈花湾向世界各地游客展示中国传统优秀文化的独特魅力的同时，也将被打造成一个世界级禅意旅居度假目的地。

设计解析

拈花湾的假期是自在的，沉浸于生活的真味，展现大自由与大自在。设计师注重功能布局的度假化，大尺度的开敞式礼仪空间，多独立套房的配置，高采光的地下禅庭，你可以尽情享受一个人的自在时光，也可以与家人、与朋友一起分享假期。这是一栋有故事的度假小屋，看似云淡风轻般低调禅意，幕后却是设计师的严密思考和推演，为布局往后生活情境预留伏笔，生活在其中的点点滴滴，被设计师大处着眼、小处着手的设计细部而感染，让居住在这里的人沉浸于生活的真味，展现大自由与大自在。

在同质化竞争日趋激烈的当下，要做出令人拍案叫绝、让人尖叫的产品，也许真的就要像“疯子”和“傻子”那样，专注于品质到无以复加、如痴如狂的地步，做一个“品质偏执狂”。

“灵山小镇．拈花湾”，就是这样一个由“品质偏执狂”反复磨砺出来的奇观，许多人来此看过之后，无不惊叹这群“品质达人”惊世骇俗的举动，有的甚至说：“拈花湾的建造者简直是一群疯子！”

为何大家要如此评价？让我们先从最不起眼的一片瓦、一丛苔藓、一堵土墙、一块石头、一排竹篱笆、一个茅草屋顶入手，深入拈花湾的建造过程，向您揭秘一个“品质偏执狂”故事。

茅草屋顶的故事：拈花湾的主事者认为，这里的禅意建筑和景观，都是要“会呼吸的”，就像从自然中生长出来的一般。为了让苫庐屋顶最大程度达到自然禅意的效果，他们从江苏、浙江、福建、江西、东北甚至印度尼西亚的巴厘岛等地方选择了二十多种天然材料，同时将能够找到的最好仿制品拿来，放在一起进行日晒雨淋等各种手段的反复试验比对。在这其中初选出八个品种，请包括巴厘岛在内的当地工匠，在现场搭建茅草屋顶的样板，再进行为期一百天的户外综合试验。

竹篱笆的故事：大巧若拙，重剑无锋。原本最简单的庭院竹篱笆，在拈花湾却演变成最复杂的工程。经过数月的尝试，换了好几个施工队伍，竹篱笆就是难以令人满意。浙江安吉、江苏宜兴、江西宜春……许多国内著名毛竹产地的工匠都来试过了，空灵的禅意、艺术的质感、天然的美感、竹制品的韵律感、建筑需要的功能性……综合大家的力量，也不能做到全部兼顾。而主事者坚持一定要达到最好、最全面的效果，于是将视线放大到国外和东瀛，寻找大匠来指导。几番苦苦寻觅，终于在国外找到两位七十多岁的匠师。他们做竹篱笆已经三十多年，一辈子只专注做这一件事，还是竹篱笆“非遗”传人。主事者花了十万元人民币将两位老先生请到拈花湾，手把手教自己编竹篱笆。

苔藓的故事：分布于拈花湾庭院、池边、溪畔、树下的苔藓，或许是最不起眼的，却是营造禅意最重要的因素之一。苔藓受空气、阳光、水分、土壤酸性等多种因素影响，很难大面积移植成活。上海世博会虽有推荐，但是国内尚无成功先例。这也注定拈花湾的苔藓铺植，是一个"品质偏执狂"才会干的事。这里的每寸苔藓，都是有着丰富的故事。从遥远的大山来到拈花湾，它们是从临安、萧山、天目山、宜兴、雁荡山、武夷山、湖州、吉安等自然生态极好的山区，经过层层严格的选拔而来。主事者专门设立一个苔藓基地，将入选的苔藓，植入拈花湾的泥土。安排一位农学专家带领一个团队，每时每刻悉心照料呵护。

千百年来，禅文化根植于中华沃土，源远流长。说禅，大道无形，大音希声，大智之入，不眈与形，不逐与力，不持与技。淡淡的生活，静静的思考，执着的进取，直进到智慧的高地。说禅，静心；无欲修禅，怡性做人。静乃是禅的精华，是人生的最高境界。进入静心凝神思大道，详察万物品无常的境界。

“子胥禅堂浮前浦，波光濯濯动远空；新茗带雨绿堪染，溪谷曲径会众生；一门一窗一油盏，一石一叶一蛙鸣，阴阴夏木失颜色，漠漠水际流清音”景观总体构思以太湖山水为出发点，营造幽静深邃的环境氛围，表现自然、拙朴、空灵、精致的拈花湾生活之禅。

景观设计注重游客的深度体验，在入口区非常注重藏与露造园手法的灵活运用！“藏”与“露”不仅是景观的空间节奏需要，更是在人们行进过程中左右心理变化的一个重要因素，泛入口的概念就是要用这种系统化的景观设计来让游客能够提前感受到耿湾的禅境，但是捉摸不透、忽隐忽现，从而一步一步的把游客心境引导进最佳兴奋点 - 小镇内部……(撰文 Helen)

将传统文化基因与新古典和现代相融合，
创造出当代多元的园林景观。

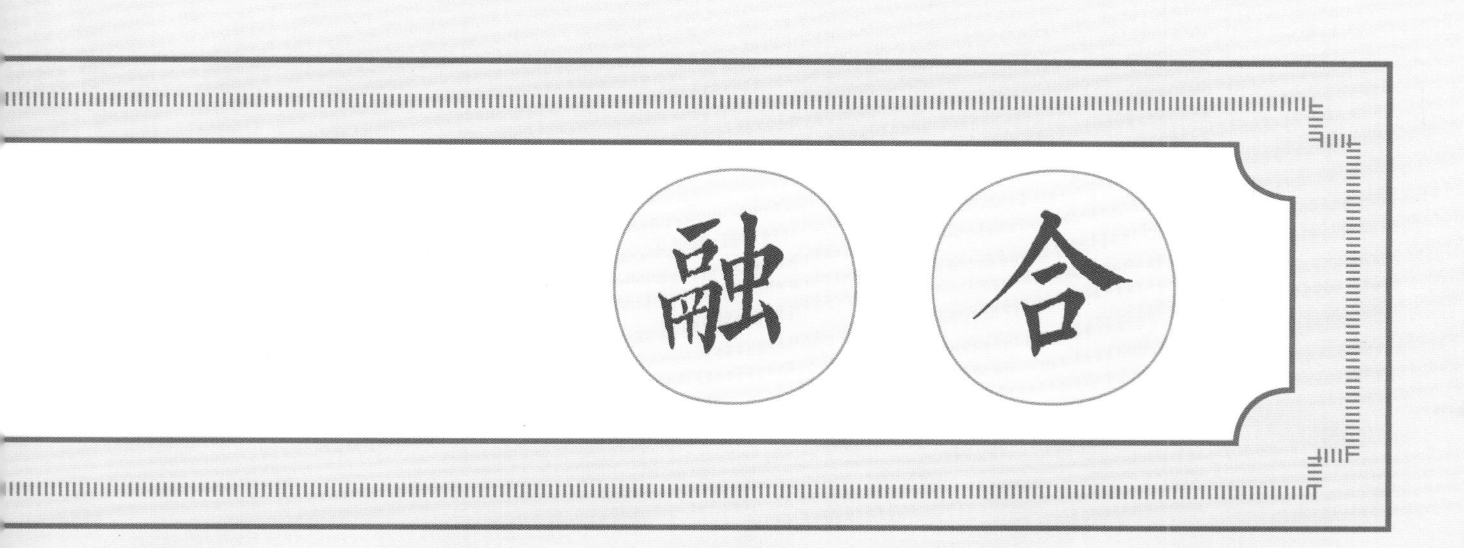
融 合

楼盘信息

楼盘区域：城郊
建筑类型：多层、高层
项目类型：住宅
楼盘绿化率：35%
楼盘容积率：4.70

西度中序 今技古意 意匠之作

项目名称：龙湖 · 天宸原著 | 客户：龙湖地产 | 项目地点：广州天河区 | 施工机构：山水比德园林集团

山水比德园林集团 设计作品

设计理念

2015 龙湖首度进驻广州，联手山水比德强势打造“天宸原著”，
创造融合“龙湖精神”与“岭南文化”的首个高端楼盘，
倾力呈现“东方礼序美学”与“西方建筑尺度”的完美结合
用现代手法全新演绎古典意境

天宸原著
精于质，奢于地。质是龙湖，地是岭南。
精于筑，奢于境。筑是建构，境是借势。
精于形，奢于心。形是气质，心是抱负。

天宸原著

天宸原著

原著”精神

龙湖“原著”系列的特征：

1. 西技中魂

借助西方的技术去还原中国园林的气质，匠心打造，提升每个项目的尊贵感、价值感。

2. 专属定制

完美融合中式的礼序美学与西方的建筑尺度。强调传统造园的序列感，引导一种向心力和对传统文化的共鸣。

广州天河繁华都会，喧嚣之下，城市人内心最期盼的是“离尘，不离城”的奢雅居所。在奥体新城这一市中心稀缺宝地，既能便捷到达经济商圈，亦能陶醉在诗意文化健康生活当中。天宸原著栖居山水大境，彰显城央御墅的尊贵。

前场

尊贵大气的皇家气度。布局从街面打开，在山脚做横向线条，延续于建筑，与山体线条形成良好呼应，形成地平线景观，极具视觉震撼力，营造环抱感，形成奢华精致、开阔大气的景观风格。它用环抱大地的气度，拥抱和迎接每一位来客。

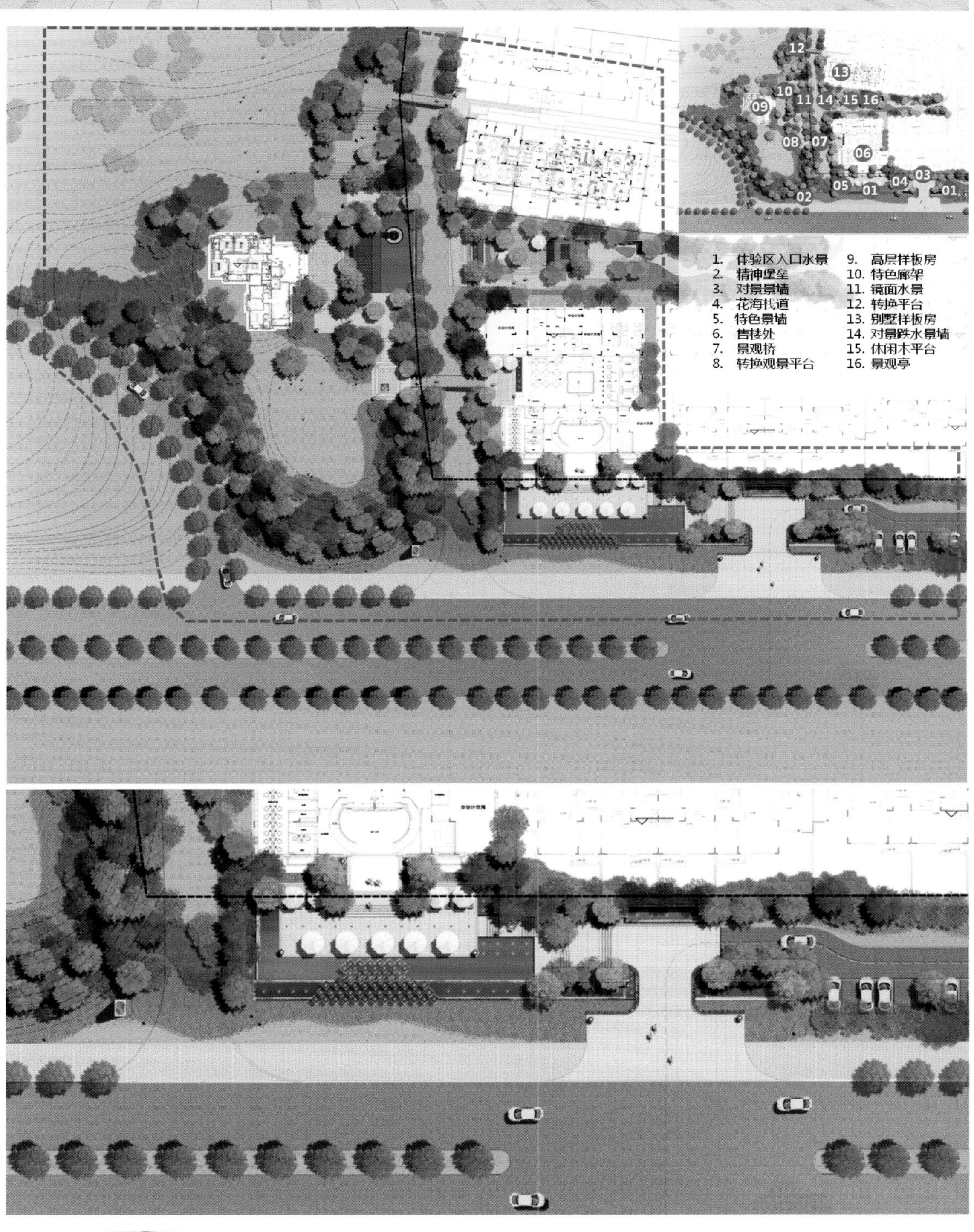

体验区前场

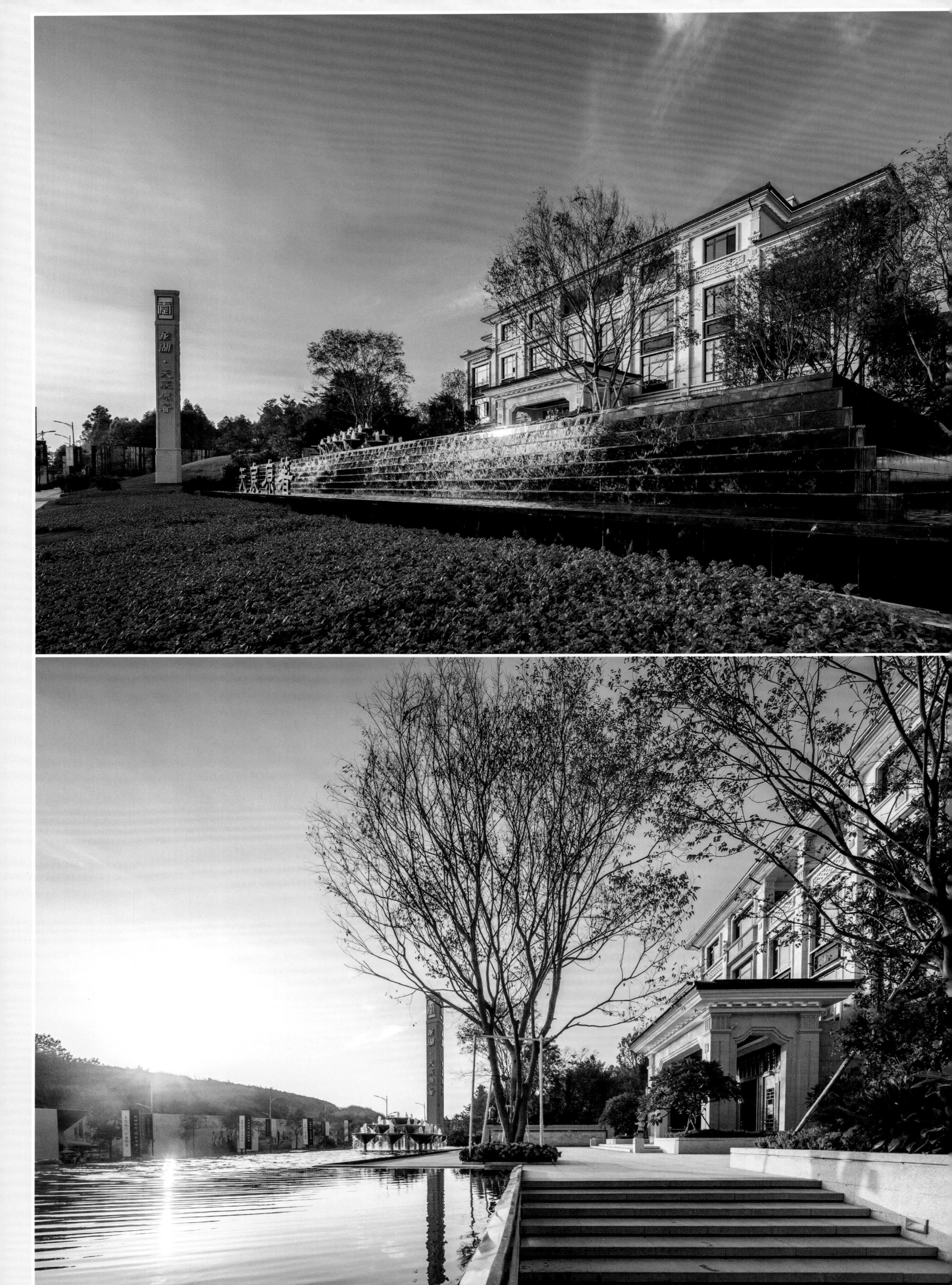
龙湖 · 天宸原著
天宸原著

入口景墙

入口景墙设计采用“屏风式的设计”，用景墙和照壁的错落搭配，打造尊贵大气的入口空间。打破了传统的入口门楼格局，用三面墙体如迎宾将士般的列位，提升入口的序列感、品质感和礼仪感。

15 度的墙体折角，镶嵌的镂空铜板，对中国传统屏风元素进行了传承和再创造；在石材选用上，选择了纹理如画的大理石，将纯天然的中国山水之美融于景观画卷中。

前场平台

进入大门，转角就是前场平台。前场平台就像一个进入场地后的会客厅。远处的精神堡垒，在空间上弥补远景焦点，形成精神支柱。U 形水景将整个平台环抱，形成向心感，烘托出售楼部建筑。

特色水景

潺潺之水，细流而下，增添几分灵动之境。夜幕降临，水光呼应，更是美轮美奂。

后场

曲径通幽的家苑情怀。接受完前场“宾客礼”般皇家气度的洗礼后，一番转折来到灵巧精致的后场，此处就像主人和朋友一起放松的休闲之地。在进行后场的设计时，设计师希望用开阔的草坪，搭配一些精致的情调小景，让人们感受到放松、安逸、舒适。通过华海夹道、亭台阁榭、水中环座等，将古典意境用现代手法进行全新演绎。同时通过一些软装对空间进行修饰，使后场景观别具浪漫风味。

比翼飞桥

飞桥的设计，一方面增加不同的体验感，另一方面解决了高差的问题，既是功能上的通行空间，又是景观上的空中序列，形成独特观景点。站在飞桥之上，遥望开阔的大草坪，仿佛远离喧嚣隐居之所。

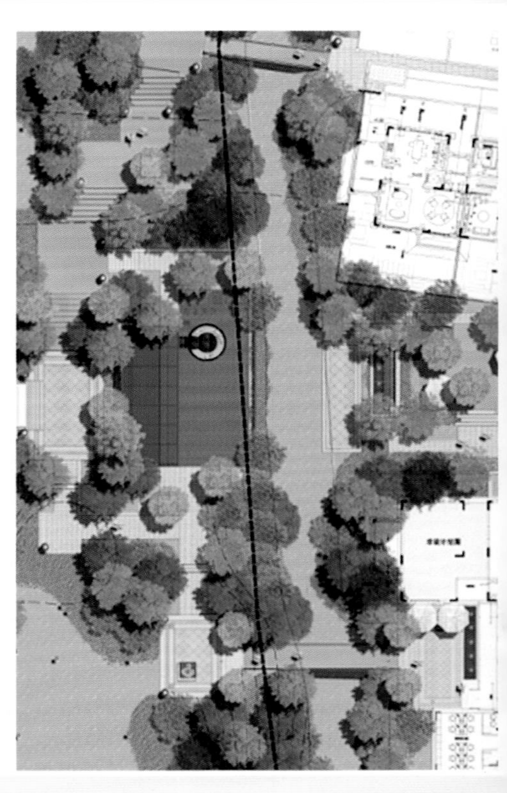

大草坪

通过飞桥，进入大草坪。宽广的视野，舒缓的空间节奏，让人们感觉轻松开阔，感受到到欢迎和融合。那一匹匹白马，在丛林之间，晨光照耀，似真似幻。

花海夹道

感受了大草坪的开阔后，再通过一些婉转通幽的夹道，一个个优雅的转角，把多样的景致呈现在人们眼中，供之观赏和品位，获得更为丰富景观体验。鸡蛋花，狐尾椰等大量本土植物的气质营造，赋予浓郁的广府原著气质。

亭台阁榭

走过夹道，就到达了浪漫温馨的亭台构筑。连接大草坪的构架景观，是一个划分和连接的区域，处于高层样板房和别墅样板房之间，构成连接两者的中间通道的主要轴线，形成视觉焦点。

体验区后花园

岁月静好的温情体验。
经过了“前院”的主轴景观，设计师将其打造为更为私密的住户“后花园”，用设计为住户勾勒出一幅幅与家人共享欢乐的美好场景，希望它在保证花园的基本游览休闲功能的同时，让住户获得更多使用和与家人互动的体验。

成人花园 · 儿童乐园

这处“后花园”，是一个全龄化的功能景观。这里不仅设置了成人休闲娱乐的空间，还倾力打造出一个充满活力和童趣的儿童乐园——不仅有儿童可参与的叠水景观，在其上的木平台里，还有三个轨道可滑动的“托马斯”小火车。大人在优雅美丽的休憩处看护自己快乐玩耍的小孩，美好幸福的生活就是这么简单。

别墅庭院

设计师的生活情怀：“我们不是设计景观，是设计生活。”
山水比德这次为别墅庭院提供的是——从景观设计，到建筑立面装饰，软装设计和交互设计的全系统解决方案。
在做设计的时候，一切“从客户出发”——无论是喜欢高尔夫、热衷收藏和运动的企业高管，还是注重生活品质，爱奢侈爱时尚的家庭主妇，为他们设定无数可能的生活情景；无论是设计休闲活力的阳光房，还是设计静谧素雅的禅意空间……用更多贴切的设想让不同住户在自己的生活空间里开发出更多属于自己的可能性。

楼盘信息
楼盘区域：河西区
建筑类型：高层
项目类型：住宅
楼盘绿化率：30%
楼盘容积率：2.75
示范区造价预算：
样板区 800 元 / 平方米，
大区 450/ 平方米

撰写金陵精装人文巨著

项目名称：南京五矿崇文金城 | 客户：南京五矿 | 项目地点：江苏省南京市 | 项目面积：136 000 平方米 | 图片提供：LANDAU 朗道国际设计

LANDAU 朗道国际 设计作品

设计理念

以现代都市人的生活行为作为研究对象，提炼出“文化艺术 & 活力体育”这一人居环境设计新理念，点睛景观设计的灵魂，充分研究人的行为心理，使每个景观空间的营造都透露着人文关怀和学院派的文化气质。根据场地关系将景观分为三个组团，分别为灵动湾、绘景园与余音堂，使每个区和而不同，贯穿着青春活力、健康向上的艺术文化气息，以现代简洁的设计手法诠释着休闲生活的真谛。

项目概况

五矿崇文金城，全面汲取千年古都人文精华之处，融汇国际学院气质，是河西具有划时代意义的学院派精装人文巨著。项目总占地面积约 13.6 万平方米，住宅总建筑面积约 36.3 万平方米，容积率仅为 2.67，采用现代式与常春藤学院派相融合的建筑风格，规划社区幼儿园，融入约 8 775 平方米社区底商以及人性化的社区公共配套，并创造性地将学院人文景观规划其间，更引入同步世界的节能环保生活理念。建成后，将成为河西首个兼得人文、都市、自然三大资源的豪宅标杆。

景观空间

自然感、生态感与人工感的完美结合才是景观设计的真谛与内涵，也是本设计的不懈追求。设计中将我们的样板区景观空间划分为两大类：一类是人们可亲近尺度空间，一类是背景种植空间。

水景设计

作为豪宅不可或缺的水景，“崇镜”在尊重自然的前提下，引源头活水而成，“昼如明镜，夜映皓月，静若锦绣，动似音符”便是其真实写照：

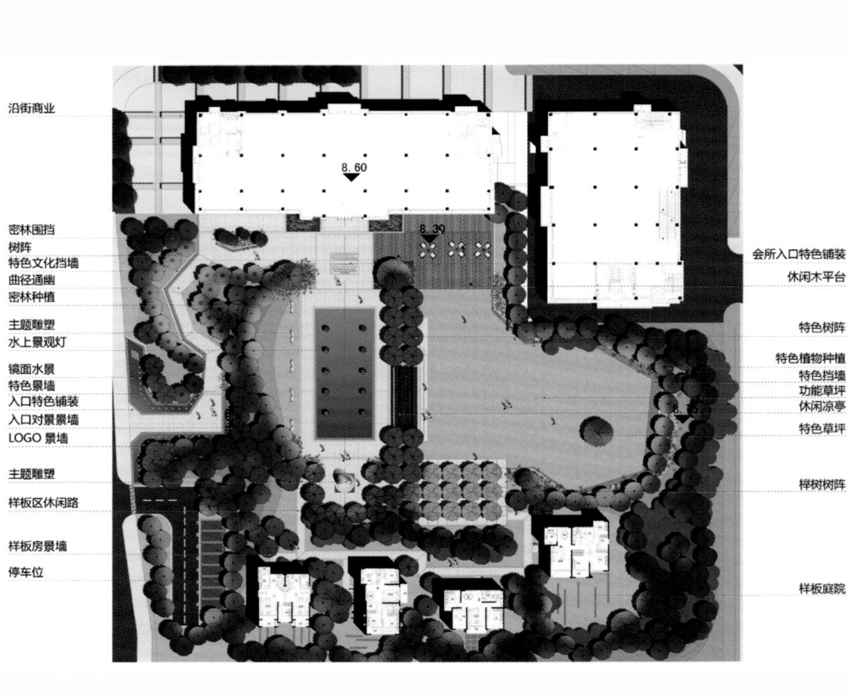

崇文金城
ACADEMIC ROYALE

C ROYALE
崇文金城
ACADEMIC ROYALE

景墙文化

无处不体现文化所在，将世界 20 大名校语录以各种形式融于景观之中。入口图案般的地面阴刻，不经意间景墙上出现的名言名句，增加整个空间的文化气息。设计现代简洁的景墙将文化串成纽带影响着社区的个个角落。对于学院派人文的思考，五矿·崇文金城是周到而细腻的，首先从景观区的取名就可见一番。崇镜、文亭、金林、诚园，将四大景观区首字组合，便是“崇文金城”的同字或谐音，而具体到景观区的打造，更是将人文与现代结合到极致。

亭设计

而兼得人文与现代风格的“文亭”，以书香雅色为主调，配以现代玻璃点缀，与学院派建筑相得益彰。

广场设计

调节社区空气呼吸及色彩的银杏广场“金林”，不惜重金引进名贵银杏树种，成林而生，春来秋往，杏林叠彩，灿黄秋叶装饰回家的路。

草坪设计

可供学生交流、家庭 party 及文化节日的“诚园”，在大片绿皮草坪，装点绿树，阳光曼舞，彩蝶纷飞，天地人在此融为一体。
每个组团的景观中心保留了大面积的阳光草坪，为经营活动中的聚会活动、学习交流、亲自娱乐等活动提供完美的使用空间。在样板区举行适当的文化活动，向人们传递一种崇文的生活态度。

楼盘信息

楼盘区域：市区
建筑类型：多层、高层
项目类型：住宅、别墅
楼盘绿化率：35%
楼盘容积率：1.60

自然雅致的东方英伦风情

项目名称：东原郦湾　|　开发商户：东原地产　|　项目地点：上海市奉贤区　|　项目占地面积：47 140 平方米　|　图片提供：LANDAU 朗道国际设计

LANDAU 朗道国际　设计作品

设计理念

为更好地演绎和还原英伦的怡情生活，郦湾景观主要采用自然雅致式园林手法，点缀以英国贵族庄园、田园式、英国时尚街区式生活体验，现代时尚、亲和自然。

東原
郦湾
臻英伦"飞"凡品
全景示范区盛大开放
東原
郦湾

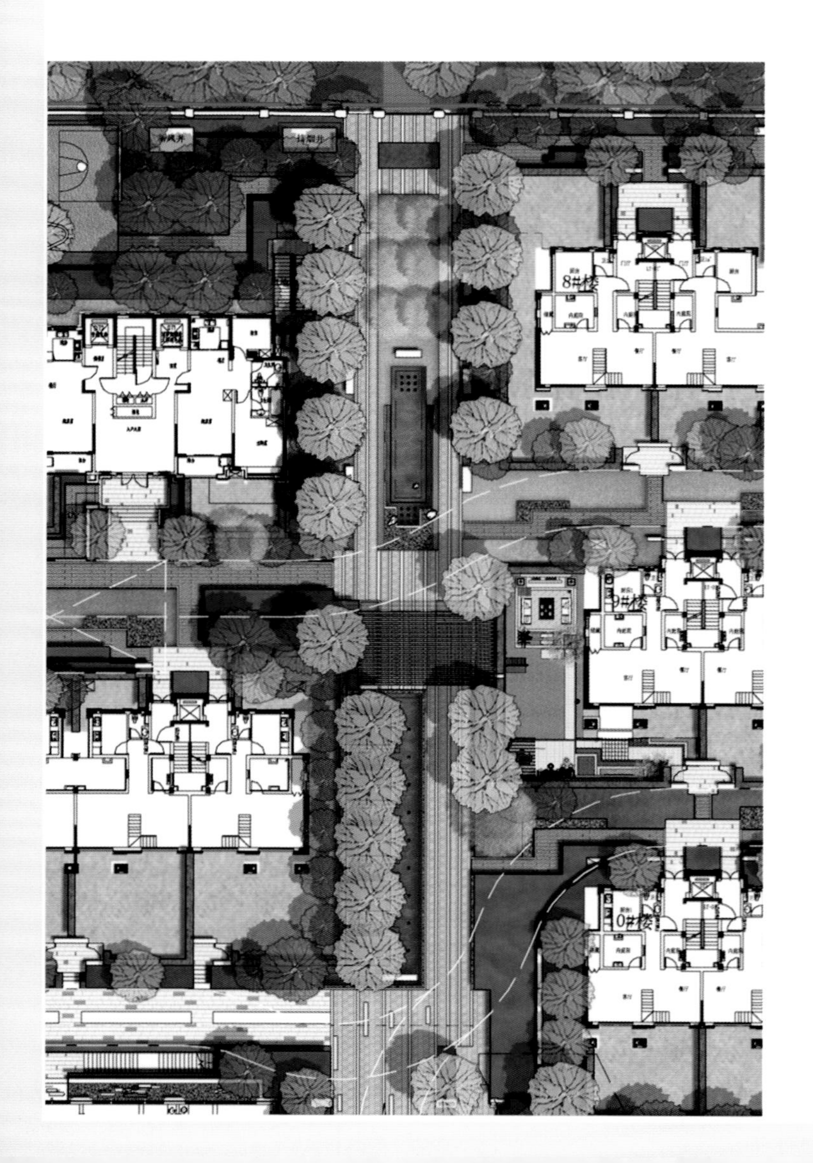
8#楼
10#楼

项目概况

项目位于上海市奉贤区，紧临南桥新城核心上海之鱼，两面环水，自然景观优越；毗邻地铁5号线、上海首条BRT，交通便捷。作为东原地产的上海壹号作品，整个地块综合开发，将周边水系与英式风格有机的融为一体。

层层递进的景观轴线

入口处，景观与建筑围合相得益彰，景观轴线向内延展，打造出别墅、高层归家必经路线上的雅致风景。从喧嚣的城市回到家中，每一进的景观都有不同情绪的引导，从入口的恢弘大气，到水景的宁静平和，再到撒满阳光的生活上院，打造了一种放下负担，回归园林生活的仪式感，创造出与都市远而不离，与繁华近而不嚣，与古典温而汇新的意境。

臻英
全

生动亲切的公共界面

外围商业街区，为映衬英式建筑的经典雅致，地面铺装和小品采用简洁统一的元素来呼应，同时也为每一户商铺预留了充足的外摆空间，让每一家小店都能够展现自己的个性。不论是精致的花箱组合，还是可爱的冰淇淋推车，还是惬意的阳伞卡座，处处都洋溢着亲切店主们的好客之道。

A Little Something
COFFEE · WINE · JUCIE · TEA · BREAD · CAKE
A Little Something
HEAL-ti
HEAL-ti
MASTER OF COFFEE
Big
SALE

A Little Something
A Little Something
MASTER OF COFFEE
MASTER OF COFFEE
Zebra C ffee
Zebra C ffee
Zebra C ffee
MASTER OF COFFEE
ZEBRA

以小见大的生活场景

宅间和庭院景观，采用小中见大的手法，强调细节，精致，同时兼顾私密性和开敞性，以小尺度空间的起承转合来营造良好的空间体验。鲜艳花池沁香随身，成树聚影，绿草成茵，小品桌椅布置于间，在这里，你呼吸新鲜的空气、亲闻泥土的芳香，感受田园生活的自然与闲适，做一个自然的贵族。

楼盘信息
楼盘区域：城郊
建筑类型：多层、高层
项目类型：住宅
楼盘绿化率：35%
楼盘容积率：4.70

龙湖天街系列顶级体验中心

项目名称：苏州龙湖时代天街样板区 | 客户：苏州龙湖基业房地产有限公司 |
项目地点：江苏省苏州市 | 样榜区占地面积：12 523 平方米 | 摄影师：陈峰

上海易亚源境景观设计有限公司 设计作品

设计理念

采用现代主义的景观设计语言，通过简洁、现代的材料及流线型的肌理效果来展示极简主义的风格特点。空间布局形式上将中国传统园林与现代西方的和谐交融。

项目概况

龙湖时代天街位于狮山路与塔园路交汇处的龙湖时代天街。紧邻地铁，毗邻三大名校，周边配套完善，交通便利。虽然项目是高端改善盘，途经乐桥、中央广场、星海广场、时代广场等苏州重要地段。

整体设计

四个体验点最重要的第一个体验点是入口、停车场及精神堡垒的区域；第二个体验点是售楼处前广场区域；第三个体验点是芳草地创意广场区域；第四个体验点是售楼处及样板房庭院区域。

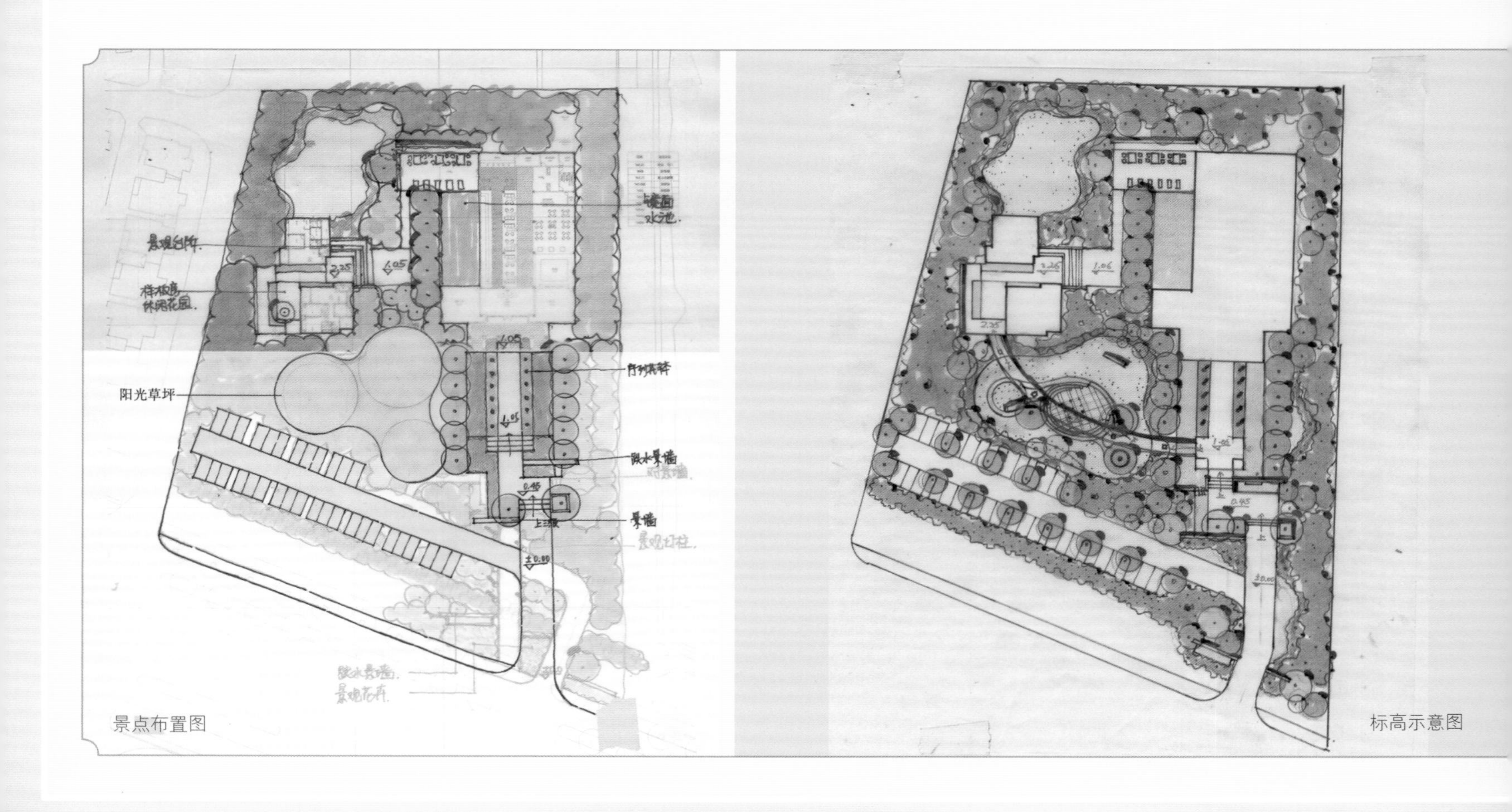

景点布置图

标高示意图

五大体验

设计师期望访客有五种不同的体验。作为一个商业地产的景观样板区，五重体验系统如商业、酒店度假式体验，这个体现高端和舒适性；艺术体验，展示其当代性、新颖性和格调；戏剧性体验，包括龙湖最常用的五重绿化系统，如蓝色的薰衣草花海，通过植物的浓密搭配、疏密的开合对比以及干净大草坪来展现戏剧性的效果；多元性功能的体验，包括商业、酒店、居住、办公区域都可以在样板区得到一个很好的景观；苏州文脉的体验，体现现在的新苏州。

平面图

楼盘信息

楼盘区域：市区
建筑类型：高层、板楼
项目类型：住宅
楼盘绿化率：35%
楼盘容积率：4.15
示范区造价预算：
600 元 / 平方米

触发心中栖居涟漪

项目名称：龙湖·春江名城 | 客户：龙湖地产 | 项目地点：广东省佛山市

山水比德园林集团 设计作品

设计理念

龙湖骨子里蕴有“志存高远•坚韧踏实”的情结，以匠人精神，不断刷新雕琢品质，不断升华客户体验，追求诗意美学。山水比德秉持龙湖地产精益求精的精神，诗意栖居的生活态度，根据项目定位设计提取了具有顺德当地象征意义的“香云纱”，突出白天光影与景观的互动，寓意低敛含蓄、贵气盎然，以此作为春江名城的独特韵味—轻奢，亦正符合了当代精英阶层的生活追求和居住理念：出尘不出城，轻奢间不舍生态野趣。

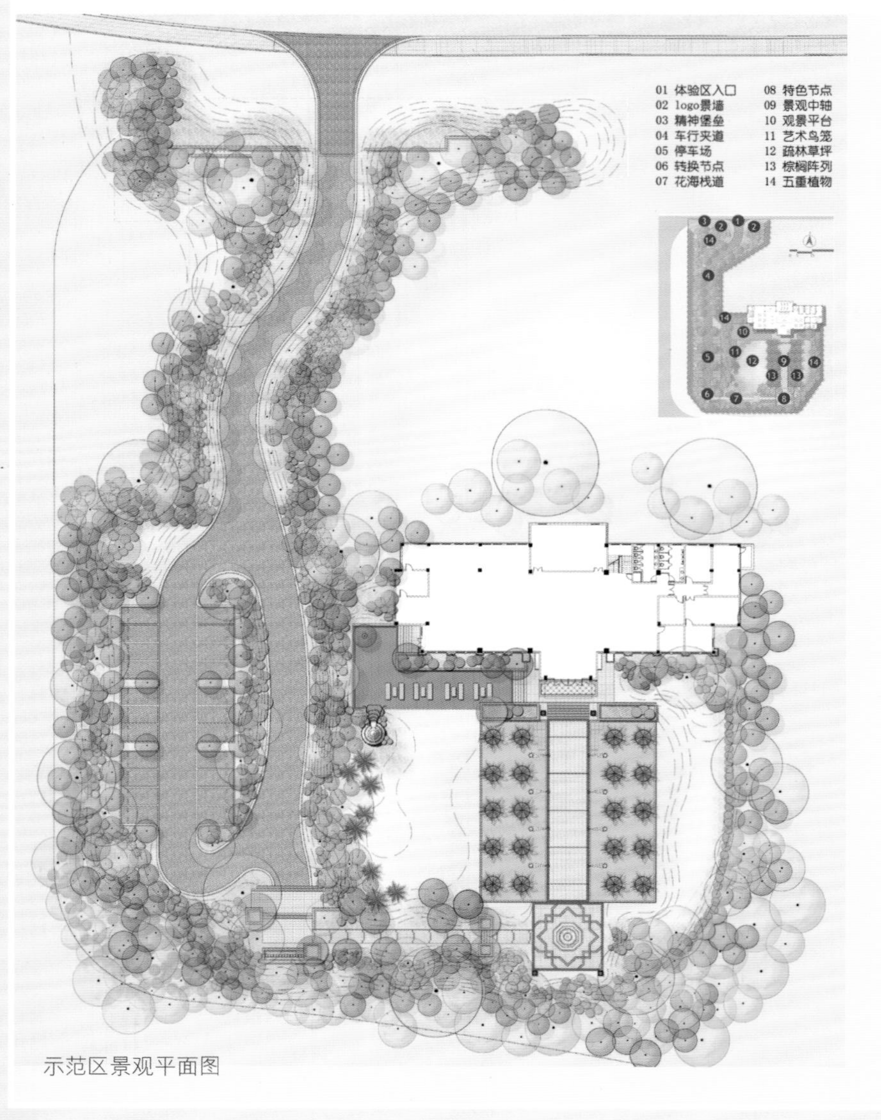

示范区景观平面图

项目概况

龙湖·春江名城为龙湖地产携手山水比德园林集团倾力打造龙湖华南版块的首个项目。顺德前所未见至美示范区璀璨亮相——遇见龙湖，遇见最美顺德。自体验区开放以来，龙湖春江名城一时引起了各界的广泛关注，吸引着各方龙湖粉丝前去扎堆围观，好评如潮。

景观设计

项目力求将现代主义时尚生活与东方传统地域精神文化相结合，尝试开拓现代主义地产景观新风尚。设计上从整体入手进行编剧导演，把建筑、园林景观连同室内精装软装乃至家具饰品一起整体统筹考虑，形成具有鲜明风格特质的统一和谐的整体。园林景观以明亮色彩的软景植物、户外景观软装、静水、镜水、植物和天空形成强烈撞色，创造宁静而富有诗意的心灵庇护所。

动线设计

整个项目的参观动线为来访者带来不同的情绪波动。主入口大门为整个体验之旅拉开序幕，林荫夹道为客户起到指引作用，进而前往绿岛，一览美景。顾客继续前行，行至停车场前绕过矗立的大榕树及三角梅，回望绿岛。行至入口景墙水槽，即到达了本案的次主景区，潺潺的水声让客户顿时感到一阵阵清凉。继续沿着林荫花径，来到本案的主景区——海藻树阵镜面水池，如画般的景色顿时吸引顾客的目光，激起顾客内心的涟漪。临别前，来到“鸟笼”上环看草坪树阵，终于带着深深的不舍结束本次体验之旅。层层递进，登堂入室，渐入佳境，一系列的展示步步贴近客户的心理，激活内心里关于栖居的梦想。造景不如造梦。好的景观，一个期盼已久的梦，一个终偿所愿的诗意画面。

龙湖·春江名城

龙湖·春江名城

楼盘信息
楼盘区域：高新园区
建筑类型：
联排、独栋、双拼
项目类型：别墅
楼盘绿化率：40%
楼盘容积率：0.70

诗意栖居至尊府邸

项目名称：世茂·铜雀台 | 客户：世茂地产 | 项目地点：江苏省苏州市 | 项目面积：11.5 万平方米 |

山水比德园林集团 设计作品

设计理念

“人类应当诗意地栖居于地球之上”荷尔德林曾经这样说。“诗意地栖居”理应成为居住在高密度城市里的当代士大夫的第二人生目标。这种栖居方式，意味着远离喧嚣和浮华物质表象的追逐，体现一种人与自然相互依存，和谐共生的理想居住状态。苏州铜雀台，在花羽密境之间，珍藏自己的一座山。隐在喧闹的城市之中，一方青山，一池碧水，繁华与静谧仅一墙之隔，符合人们诗意地栖居的生活理想。

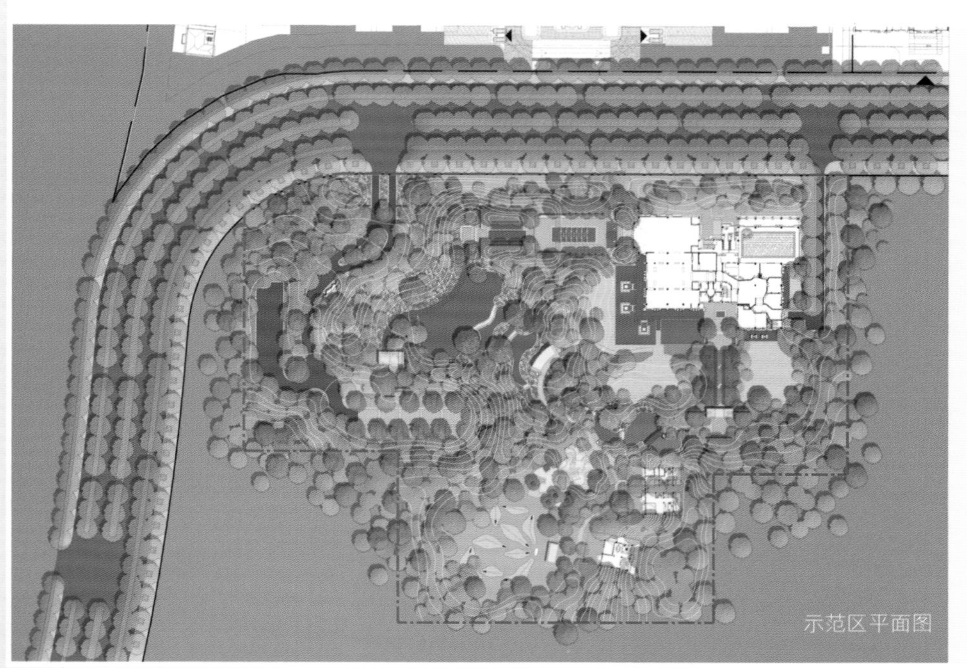
示范区平面图

项目概况

世茂·铜雀台位于园区金鸡湖、独墅湖双湖板块绝版地段核心，是苏州当之无愧的中央别墅区。项目西邻一城贵宾专属步道——国宾道，对面是巨富商贾们的社交场——金鸡湖二十七洞高尔夫；南边金鸡湖大酒店、凯宾斯基大酒店，皆为精英人士出入场。

历史渊源

昔日，曹操掘铜雀而筑高台，携建安才子登临作赋，逸兴遄飞；今时，世茂夺地王而建别墅，于姑苏城央华丽绽放，霸气尽显。逾千年之隔，仍一脉相承，亘古不变的是时代贵族精英之内涵、底蕴和气魄、风骨。

整体规划

项目整体规划从中华礼制角度构筑入门礼、中轴序、宫格制，以老子“天人合一”的哲学理念营造园宅共融之法。所有别墅呈“国”字南向排布，“王”字轴线贯穿道路体系，以金鸡湖地脉特质与国宾馆隐秘气韵为灵感；在景观设计上，精琢花、羽、秘、境四大主题境界，营造非同寻常的气场与礼仪。

景观设计

运用水系、地形、场景、主题雕塑、精品植物这样的景观元素，凤凰雕塑、羽毛符号、花、水等自然仿生抽象主题元素，以及金、暖黄、黑白灰的原件色调，来打造生态、浪漫、精致、奢华的景观风格。色彩艳丽的花木，不仅仅昭示着它的姿态，更是空气中弥漫的芬芳。在这里，草木沸腾着拾阶而上，连脚步都沾上了甜泥的清香，似是游走在仙境之中。

楼盘信息

楼盘区域：城郊
建筑类型：
塔楼、多层、高层
项目类型：
住宅、高层、别墅
楼盘绿化率：30%
楼盘容积率：2.30

聆赏巴渝绝版山水

项目名称：重庆万科城 | 客户：万科地产 | 项目地点：重庆市 | 项目面积：650 000 平方米 | 图片提供：CRJA

CRJA（Carol R. Johnson Associates Landscape Architects）设计作品

设计理念

万科城沿照母山而建，紧邻照母山森林公园，拥有绝佳自然景观资源，设计方因地制宜，依托有利环境把万科城打造“健康的生活社区”，整个组团由 10 栋高层错落合围，分别设置了 5 重景观。景观设计采用“风光定位系统”以最大化满足居住者的观景体验。

项目概况

万科城是位于照母山板块万科大社区的重要组成部分，是项目规模约65万平方米的综合大盘，首期为城市装修高层，以中小户型为主，主要面向青年置业群体。

景观设计

万科城座落于照母山山脉上，俯瞰肖家湾水库。西南侧近照母山森林公园是政府斥资9.6亿在原来照母山植物园基础之上打造而成；南侧照母山上万科规划了一个林地公园；加上东侧悦峰、悦府前政府规划了约266 666平方米颐和公园。

植物设计

精致的花盆景观是本案设计的一大亮点。树池中种植了许多紫红色的小花，与婀娜姿态的树木相互映衬，给人带来一种生机勃勃的景象。甚至连陶罐小品中也增添了一些绿植，细微之处体现了设计师的用心。

万科
双拼样板间
约建面482.19㎡ 套内465.54㎡

惊鸿游龙之皇家气韵

项目名称：东升汇 | 客户：北京海欣方舟房地产开发有限公司 | 项目地点：北京市
项目面积：160 000 平方米

美国俪禾景观规划设计有限公司　设计作品

设计理念

东升汇项目的地形初具山水骨架之势，设计师本着因地制宜的设计手法，
将原有地形作了烘托突出处理，雕塑出一番高山——大湖——溪流之景，纵而观之，山、水、物
的蜿蜒之态犹如游龙惊鸿，给予这片土地以特有的皇家之气，尊贵无比。
山环水抱、藏风聚气的景观形态与中国古典文化底蕴深厚相辉映，营造出顺风和畅的气场，
从而达到中国古代仁人志人心中天地人合一的和谐境地。

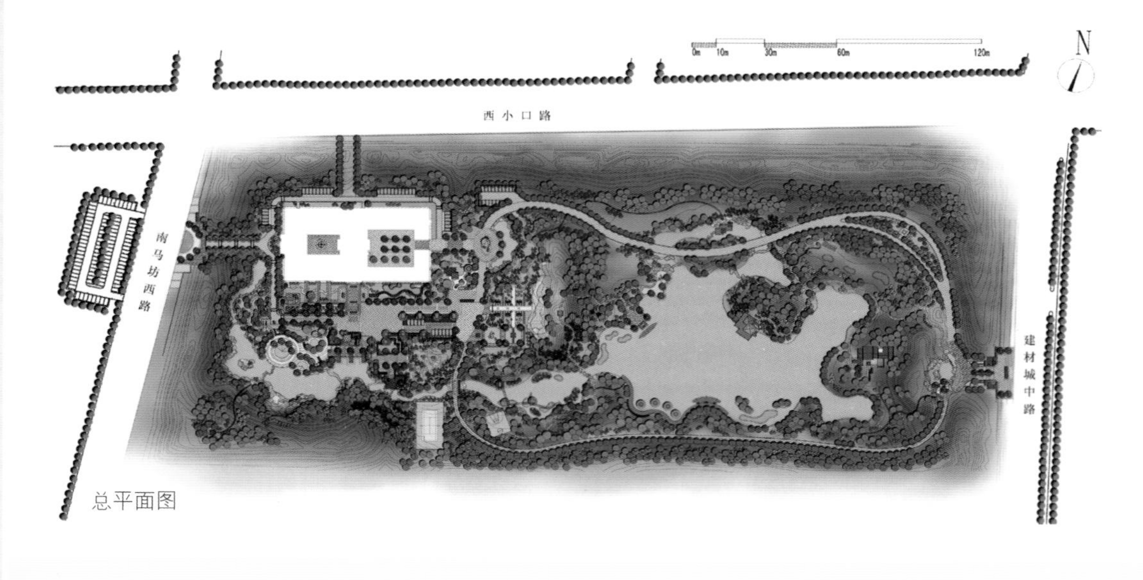

总平面图

项目概况

东升汇坐落于北京奥林匹克森林公园以北城市绿化带内，东邻清河湾高尔夫球场，南近 8 666 666 平方米奥林匹克森林公园，西侧和北侧是百万平方米东升科技园区，集聚人文、科技、生态于一体，整体环境优美。2010 年，美国俪禾景观规划设计有限公司着手东升汇项目的景观设计。2013 年，落成后的东升汇俱乐部，成为北京城市园林会所的代表之作，引领京城全新的高端私享生活方式。

风格设计

东升汇项目地块位于北京市海淀区西小口绿化隔离区内，规划占地面积约 16 万平方米。项目共分两期，一期景观以中式风格为主，二期景观主打欧式风格。一期景观设计的灵感来自伯牙与钟子期“高山流水”般的知音之情，高山流水为形，重点打造出一片浑然天成的中国古典园林之象。

景观设计

竣工后的东升汇会所，拥有 20 万平米的专属花园，在京城甚至国内都属罕有。这座专属花园里，亭台水榭、亲水栈道、假山文玩、古典茶苑、精致花钵、开放广场等应有尽有，满足一切私人活动所需。如果你想体验一种“行至水穷处，坐看云起时”的安然意境，那么这里定是你的不二选择。

假山和水景设计

东升汇是一座完美的将“静态之境”与“动态之美”结合的范例，中式景观设计以假山、流水为主体，古典园林的风格加上木质感的廊桥、轩榭，让人忘记时间，顾盼流连；西式景观设计以会所主体建筑为依托，结合雕塑水景、溪流瀑布、轴线小品、婚庆广场，增添会所景观的多功能性，让人在感受美感的同时，能享受这些如诗如画的景观带来的便利。

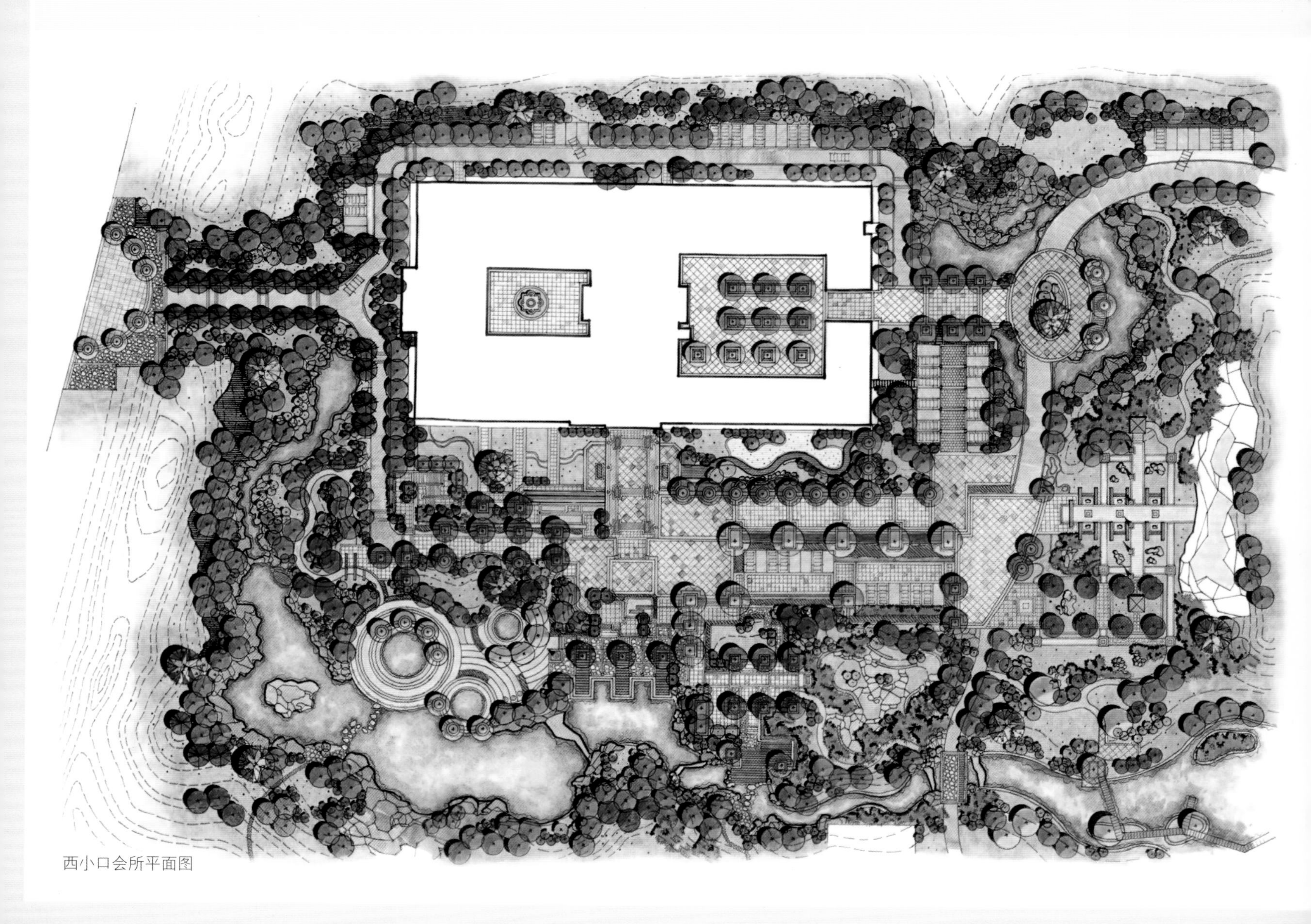

西小口会所平面图

尝试将中式文化去包容现代和其它风格，

创造出适合当代、多元的园林景观。

創新

楼盘信息
楼盘区域：郊区
建筑类型：
别墅、花园洋房
楼盘绿化率：35%
楼盘容积率：1.40

万科云间传奇

项目名称：上海万科云间传奇 | 客户：上海万科 | 项目地点：上海市松江区 | 楼盘面积：60 000 平方米 | 图片提供：LANDAU 朗道国际设计

LANDAU 朗道国际设计 设计作品

设计理念

以现代都市人的生活行为作为研究对象，提炼出“文化艺术 & 活力体育”这一人居环境设计新理念，点睛景观设计的灵魂，充分研究人的行为心理，使每个景观空间的营造都透露着人文关怀和学院派的文化气质。根据场地关系将景观分为三个组团，分别为灵动湾、绘景园与余音堂，使每个区和而不同，贯穿着青春活力、健康向上的艺术文化气息，以现代简洁的设计手法诠释着休闲生活的真谛。

设计策略和目标

我们要打造一个充满着人文气息的、有着纯静的空间氛围的、处处充满惊喜的，舒适好用的景观环境

设计初衷和结构

在我们的设计中，针对场地的研究总是会被放在最最首要的位置。我们认为景观和建筑和室内设计都不同，它是个温和的载体，协调均衡着人工和自然的关系，而景观的设计的布局、颜色和语言，都该是从基地自然生长出来的，平衡着周边环境与并建筑与室内，共同生长，衍生出我们期待的，一如现在的效果。

云间传奇项目，在“方淞”这个曾被称作是“云间”的地方，周边有泰晤士小镇、辰山植物园、松江大学城，但是却被一片待开发的处女地环绕，地块周围的环境算不上很好，若是从城市一路驱车到此应是充满疲惫的情绪；同时作为万科的首置、刚改类住宅产品，且面对着以松江大学城的教授们为主要的目标客群，我们为项目制定了这样的景观。

景观设计

东方社会空间规划常用的“进”与“院落”的空间概念，是整体的规划主轴，由西侧的入口开始，一个开放的雕塑喷泉水景，再进入艺文中心本体，空间收入室内后，向东延伸放开到艺术中庭，借着一进一进空间收放的设计手法，让我们可以感受空间的流动及层次感。

结构和布局

规划的布局将基地天然分成了围合的内院和开敞的前场绿地，各个空间十分独立，关联不大。原有的入口位置在基地的中段，南侧的绿地被切在一侧，利用率不高。我们将入口的位置和结构重新进行了梳理。

将入口调整到基地的最南侧，对绿地进行了重新切分，结合建筑围合出的内院，形成了五进式的庭院结构，与北方院落的庄重轴线不同，“云间”更倾向南方院落的布局方式，更追求空间的变化、层次、以及塑造更多的惊喜。

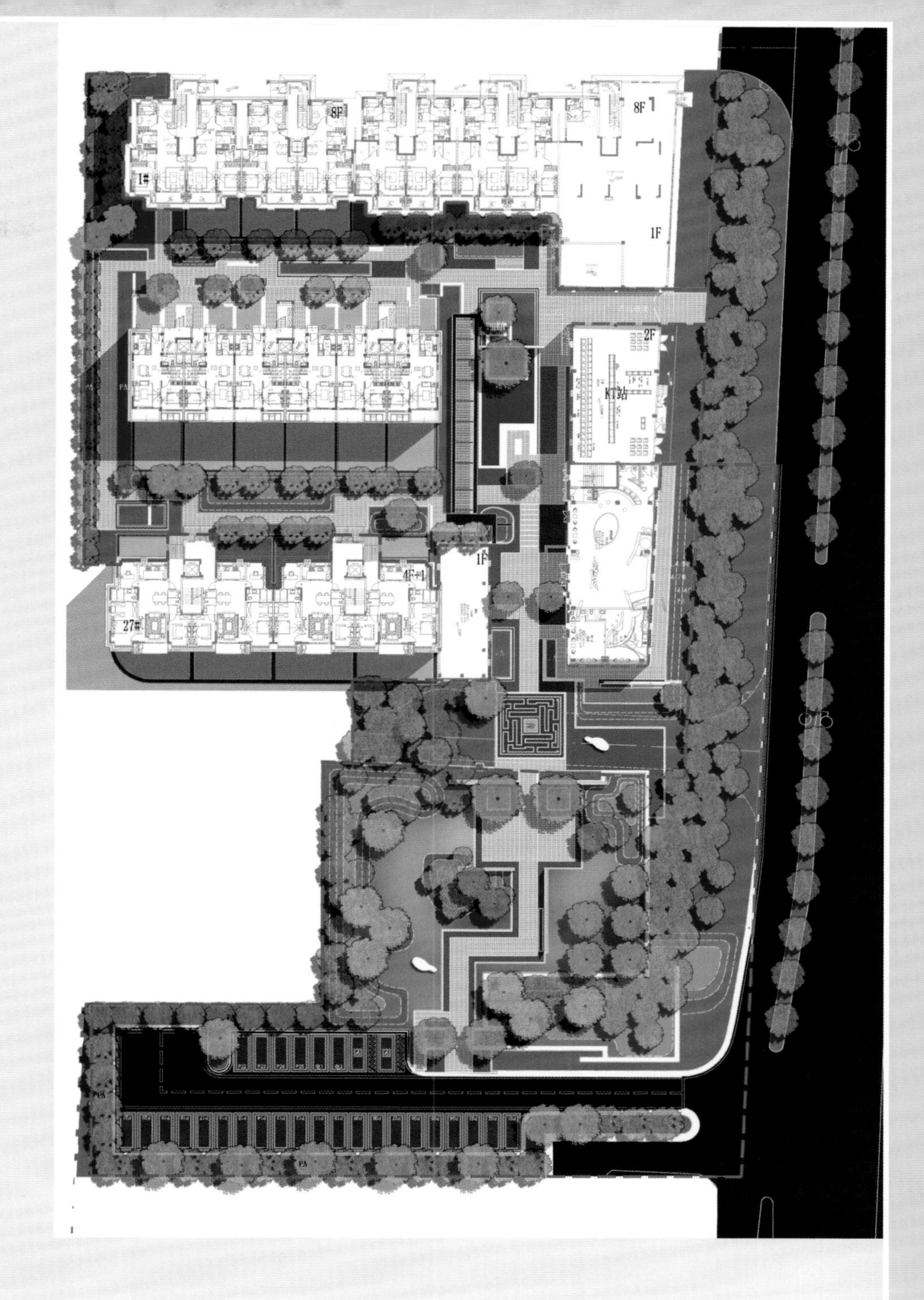

毗邻东华附属学校
低密电梯叠墅洋房

空间和尺度

在“云间”，那几片墙的组合，就是组成空间的重要元素。

花园入口的小门头，檐口压的稍低，让第一进的花园显得更大些；而第二进的庭院，在将来加上两套桌椅，便是个小小的对弈场所；穿过第三进的轴线；第四进便是建筑围合的 Lobby“花园吧”，这里今后将是社区主要交流的场所，“花园吧”被一道景墙分割成前场和后场空间，前场是我们提到的 Lobby，而穿过长廊来到的后场，则结合室内的活动功能，设计了禅意茶廊，为了鼓励大家坐下来，廊顶也被刻意压低了；在茶廊处左转，便进入第五进的宅间花园了，和常见的通过式绿化为主导的宅间不同，“云间”的宅间显得更为疏朗些，入户的墙头和建筑的山墙配合紧密，形成特别的入户感受。

“云间”对人们在空间的行走和使用过程中产生的细微情感细心的呵护，从空间的开合、转折、到视线的落点都精心塑造，笔墨不多，却处处透着心意。

科 云间传奇
LEGEND OF CLOUDS
邻东华附属学校
低密电梯叠墅洋房
万科礼
Goûter

功能和关怀

“云间”有两处核心的功能点，一处在 Lobby 的下沉空间，另一处在 Lobby 北侧的禅意茶廊，在这两处核心功能点，我们配置了户外的移动 WIFI，蓝牙音响、户外壁炉等设施，在茶廊下，还针对老人的使用需求特别增设了紧急按钮。

传奇力作
礼献松江城西
三园五院

语言和色彩

在“云间”规模不大的景观环境中，相较于特立独行的景观语言，从环境和建筑衍生出的语言更为适合，为了保持空间的完整性，并且形成设计期待的更为纯净的空间氛围，我们将景观的色彩和材质与建筑进行了融合，提取了建筑外墙的米黄色调，并且用一种色调串联所有的景观界面，为了让它显得更为突出，我们增加了少量黑色的元素形成对比，地面采用了砾石的收边，立面上采用的黑色石材的细节，并且在景墙的侧面采用了黑色石材贴面处理，这个细节让景墙的各个面更为突出，更加立体，细节更丰富。

在地面铺装拼花、水池底拼花以及标识塔和草坪灯上使用的纹样，全部是从“云间|的LOGO 衍生而来的，我们将同样的元素通过不同的材料和不同的组合方式，应用在各处。

而忽略风格和元素，采用从基地衍生出设计语言，并且将他们重新构造和组织，用来塑造“云间”需要的纯净而亲切的空间环境，这是我们为“云间”做的。

空山新雨后
山居秋暝
禅意茶舍
上叠加样
下叠加样
洋房样板

软景与选苗

“云间”的近 10 棵的骨干大乔，是根据种植季节，开放时间，等等因素的限制，并且在模型中确定了定位、高度、蓬径、分支点要求、树形的要求等各种数据，然后去苗圃一棵棵挑选出来的，最终现场的呈现效果与甲方严谨而高要求的工作方式是密不可分的。

灯光与灯具

在“云间”的夜景的效果塑造上，相较明亮的环境而言，我们更加注重氛围的营造，如明暗的层次、光与影的关系等，用了亮度低，多角度，多层次的设计方式，塑造细腻的光环境以及有趣的光影效果。主要采用了投光进行环境照明结合点光源进行基础照明的方式，为了营造温馨自然的晚间环境，光源的色温基本控制在 3300K 以上。

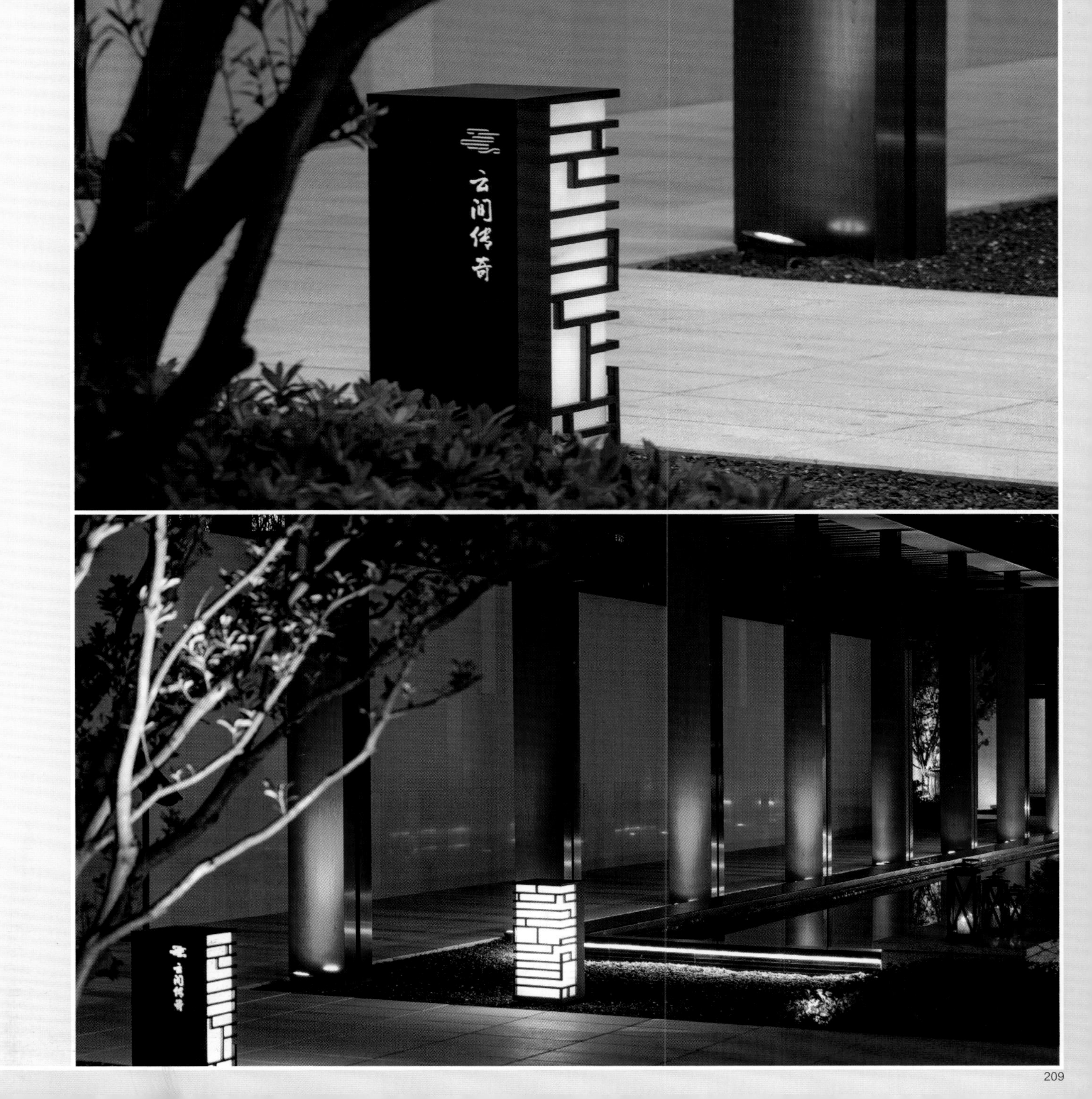

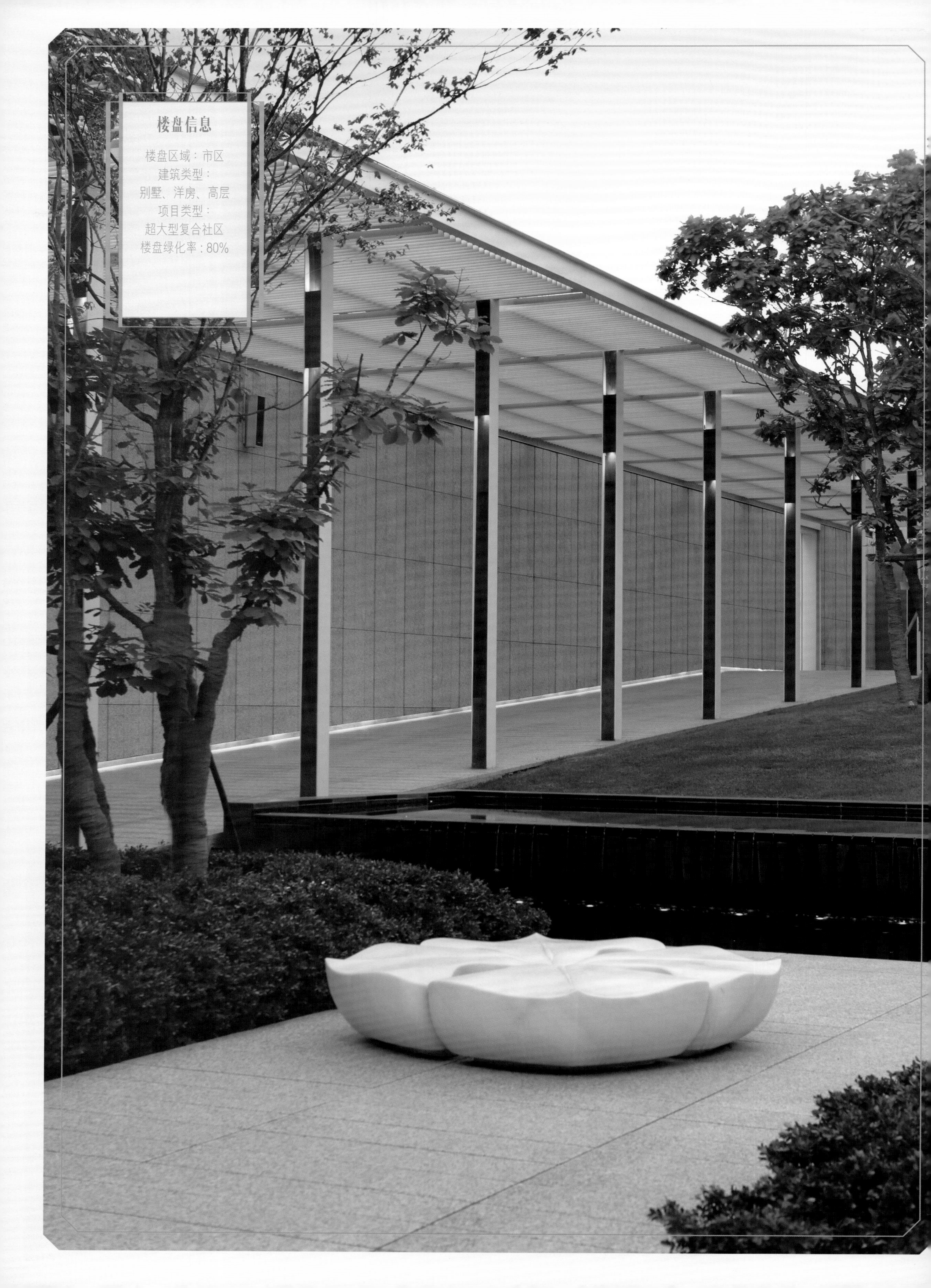
楼盘信息
楼盘区域：市区
建筑类型：
别墅、洋房、高层
项目类型：
超大型复合社区
楼盘绿化率：80%

艺术与生活共舞

项目名称：信和置业－索凌路东艺术文化中心　|　客户：信和（郑州）置业有限公司
项目地点：河南省郑州市　|　项目面积：8300 平方米
摄影师：上海柏达双影图文制作有限公司

上海瀚翔景观设计咨询有限公司　设计作品

设计理念

H&A 景观设计公司利用“白派”建筑理论中对“白”、“净”的论述，强调白净的广纳性。在墙面、地坪运用白色石材当基调，像素颜般的纯净，再让阳光自然的洒落其上，并随着一天中时间的推移及天气阴晴的变化，光线与阴影的表现也就有非常不一样的改变；绿、白、黑的简约基调也带出了最自然、人文的心灵享受。

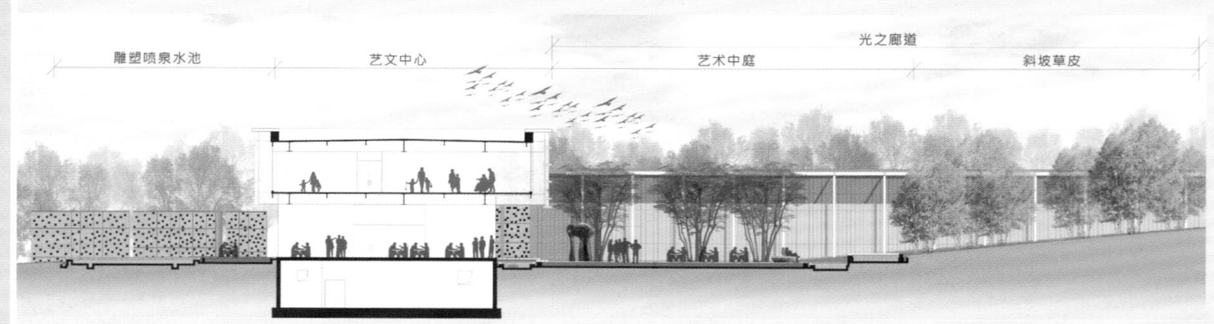

剖面图

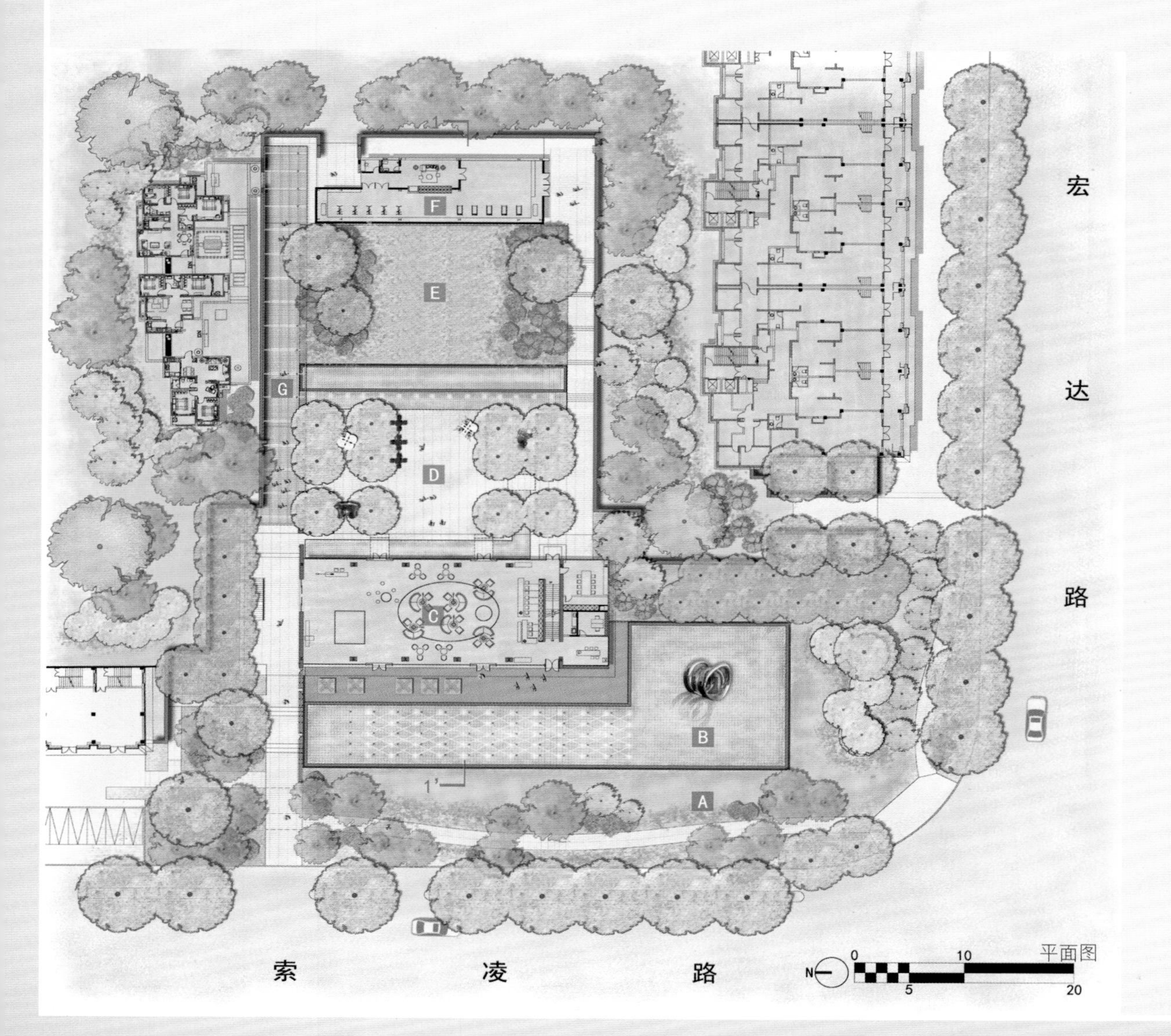

平面图

项目概况

在街角一个占地约8300平方米的L型基地上，业主请设计师研究土地开发的各种可能性，在初期设计师向业主建议与其将此处作为私用，不如开放给城市居民做为当地最缺乏的艺文中心及儿童图书馆使用，不但可为当地居民创造一处难得的公共空间，同时也可为外围的其他开发，带向一个不同的境界，也就是在私利与公益性中寻找一个新的可能性。

景观设计

东方社会空间规划常用的“进”与“院落”的空间概念，是整体的规划主轴，由西侧的入口开始，一个开放的雕塑喷泉水景，再进入艺文中心本体，空间收入室内后，向东延伸放开到艺术中庭，借着一进一进空间收放的设计手法，让我们可以感受空间的流动及层次感。

“水景”设计

空间架构分配底定后，H&A 景观设计公司再加入自然与艺术的元素，让街角水景上的雕塑品“流水”，为街道带来不一样的视觉享受及氛围。

艺术中庭设计

艺术中庭中，十二株丛生的蒙古栎及白桦、山桃、朴树、桂花等大树，让空间丰富了四季变化的季节性及舒适感，艺术中心通过自然、简约的设计方式，以草坡、大树、净墙、长廊、艺术品阐述人与艺术、自然、光影的空间对话关系。

波特兰

闹中取静的现代禅意空间

项目名称：泰国 The Key Sathorn - Ratchapreuk | 客户：Land and House PLC. (Thailand) |
项目地点：泰国曼谷 | 占地面积：12 230 平方米 | 摄影师：Rungkit Charoenwat

XSiTE Design Studio 设计作品

设计理念

The Key Sathorn - Ratchapreuk 位于曼谷吞武里区，是一个拥有超过 800 个公寓的居住小区，由三座公寓楼和一个停车场组成。这里闹中取静，交通便利，离曼谷的 Wutthakart BTS 火车站不远。小区的居住密度偏高，这种高密度住宅的户外活动区域通常被放置到小区最显眼的位置，以促进公寓销量。但这次景观设计并非从经济角度出发，而是意图为在此居住的居民打造一个舒适怡人的户外环境，并保证他们的私人生活不受外界干扰。

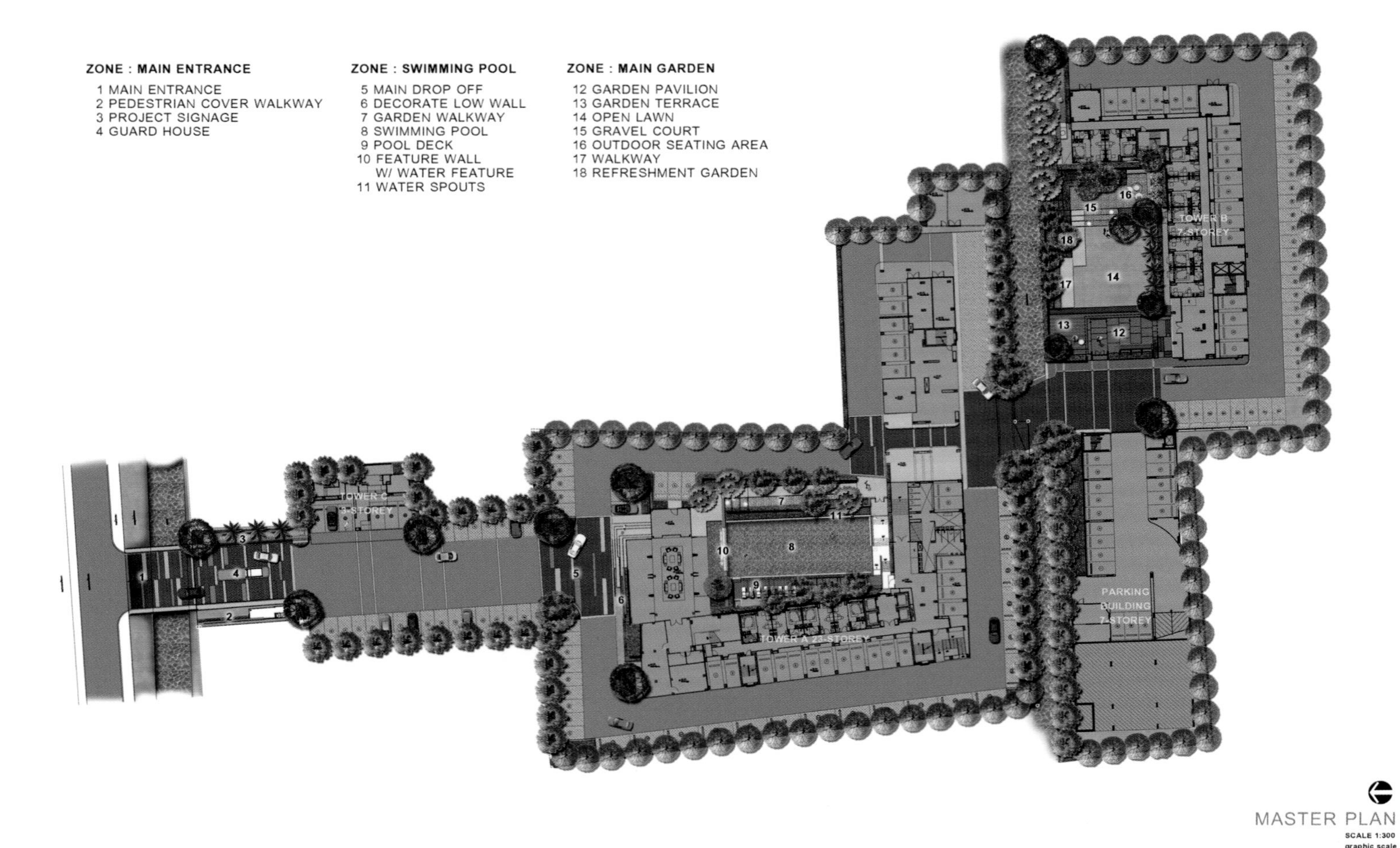
ZONE : MAIN ENTRANCE
1 MAIN ENTRANCE
2 PEDESTRIAN COVER WALKWAY
3 PROJECT SIGNAGE
4 GUARD HOUSE
ZONE : SWIMMING POOL
5 MAIN DROP OFF
6 DECORATE LOW WALL
7 GARDEN WALKWAY
8 SWIMMING POOL
9 POOL DECK
10 FEATURE WALL
W/ WATER FEATURE
11 WATER SPOUTS
ZONE : MAIN GARDEN
12 GARDEN PAVILION
13 GARDEN TERRACE
14 OPEN LAWN
15 GRAVEL COURT
16 OUTDOOR SEATING AREA
17 WALKWAY
18 REFRESHMENT GARDEN
TOWER B
7-STOREY
PARKING
BUILDING
7-STOREY
MASTER PLAN
SCALE 1:300
graphic scale
0 5 10 20 30 40 50 100

景观平面图

景观设计

由于场地规模的限制，游泳池只能被安排在大堂背后临近入口的地方。为了保证内部空间的私密性，设计师在两个区域之间添置了一道水景墙，将入口大堂和泳池从空间上划分开来。但与此同时，视线仍可透过景墙到达泳池末端和公寓底层部分，空间趣味十足，连贯性也得以延续。

潺潺的水声暗示着访客墙后便是他们无法前往的泳池区域。泳池的侧面是通向另一栋公寓楼和主花园的花园小径。高耸的灌木和列植的树木为小路带来林荫，让这普通的过道成为了舒适的漫步道，同时也阻隔了视线，进一步保证了泳池的私密性。

景观设计

设计着重于空间氛围的营造。方案采取了小组团的形式，将不同的功能区拆散安置在场地的不同角落。花园式布局让空间节奏疏密有致，同时也限定了每一个区域的边界，保证在其中活动的居民的隐私。

在场地的主入口处，大堂占据了视觉的中心位置。经过精心修建的灌木整齐地排列在路边，和步行长廊一起引导着人们前行。大堂入口处水平延伸的矮墙和矩形灌木丛造型简洁，仿佛在欢迎着人们回家。

泳池设计

泳池区域的种植设计概念为“四季的变迁”，在不同时节绽放的花木告知着住客季节的更迭。清新的绿色配搭着暖铜色的墙面，热带的植物和泳池水景，为归家的住客洗涤每日辛勤工作的疲惫。

顺着泳池前行，跨过一条小小的水道后，便来到了位于第二栋公寓前方的主花园。造型简洁的亭子位于外侧尽端，成为花园和小区内部车道间的屏障，保护内部宽敞开阔的草坪。人们在这里所拥有的树木环绕的私密绿地空间，在熙熙攘攘的城市生活已是一种奢侈。砾石铺装的粗糙纹理和自然生长的草本植物则和中央整齐平坦的草坪产生了有趣的对比，让场地愈显生机勃勃。

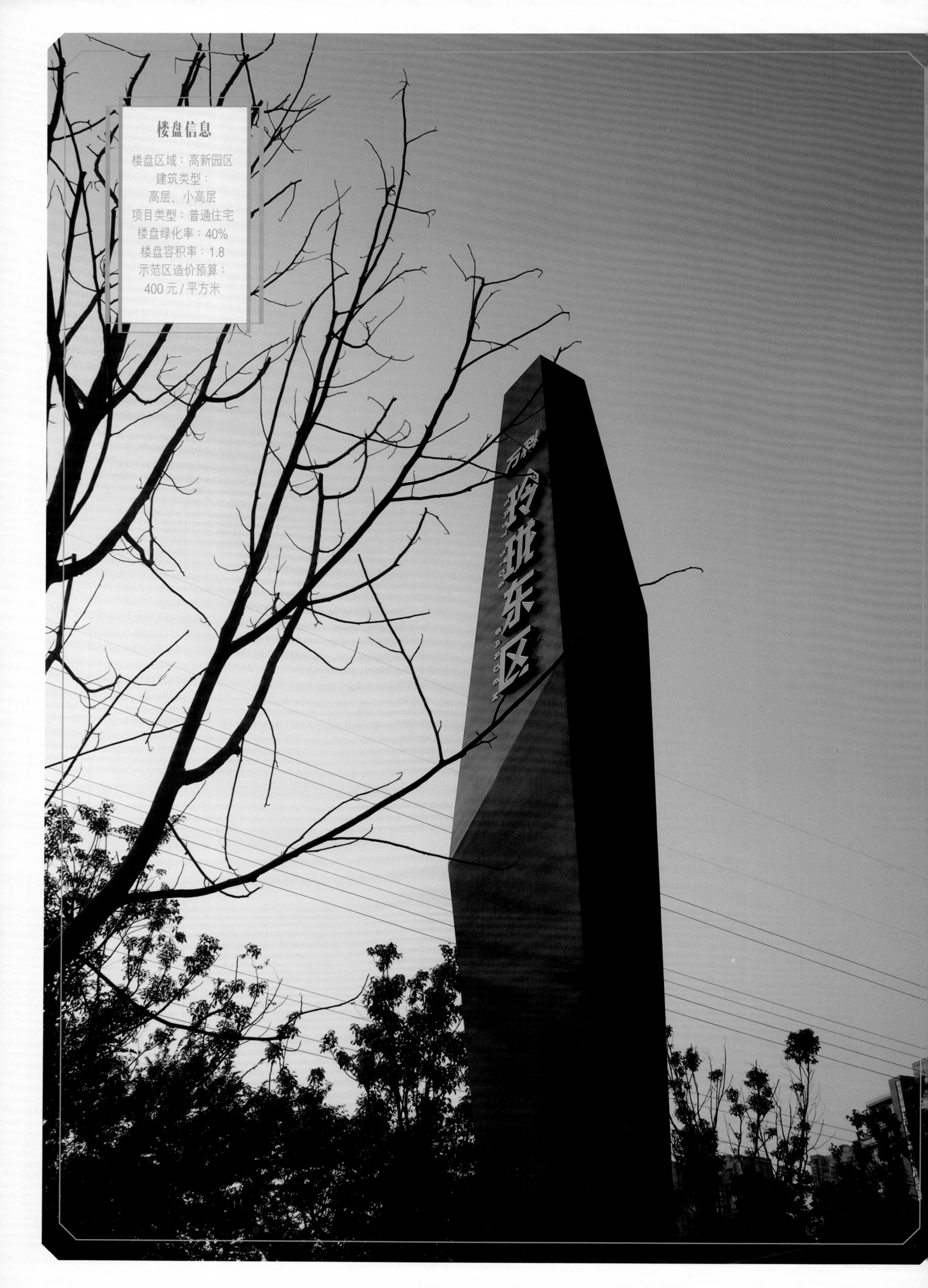

楼盘信息

楼盘区域：高新园区
建筑类型：
高层、小高层
项目类型：普通住宅
楼盘绿化率：40%
楼盘容积率：1.8
示范区造价预算：
400 元 / 平方米

蒙得里安遇见新中式

项目名称：苏州万科玲珑东区 | 客户：万科地产 | 项目地点：江苏省苏州市 |
项目面积：75 000 平方米 | 图片提供：山水比德园林集团

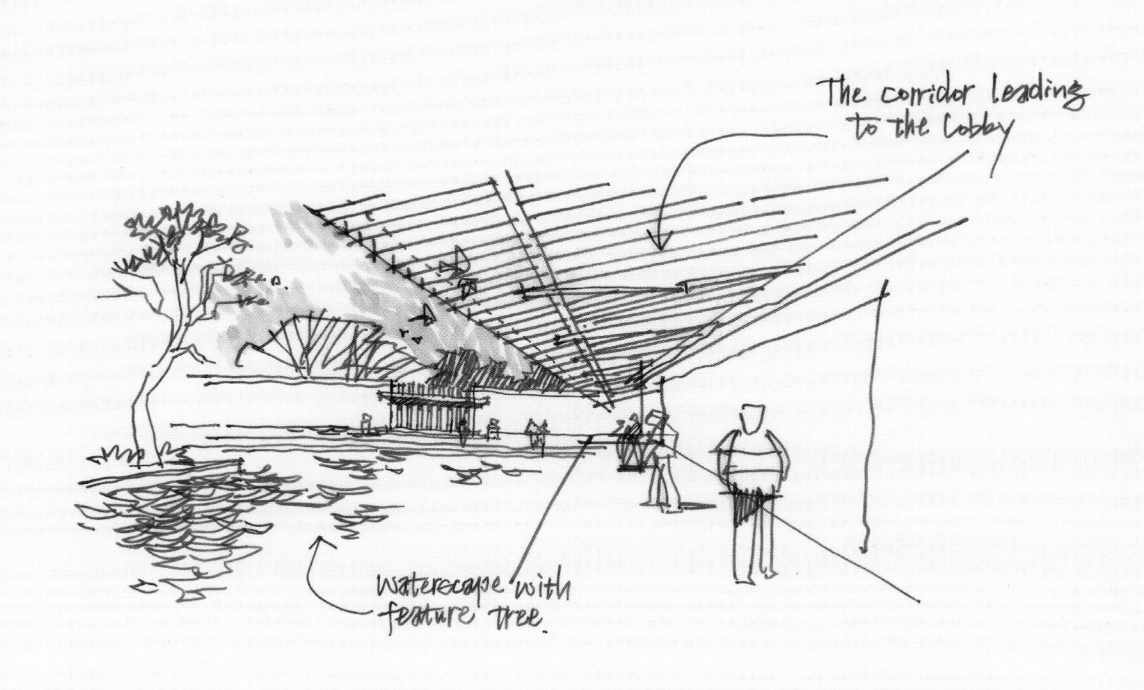

山水比德园林集团上海分公司 设计作品

设计理念

项目设计概念来由蒙德里安的风格派产生的空间联想，源起苏州园林，空间布局晶格化后留在我们脑海中的印象。并将传统园林空间的步行系统以现代主义的手法呈现，提炼出现代主义景观空间的构成和流线形态。采用一观格局，二观立意，三观风格，四观手法，五观节奏，六观创新，在自然地形态下适形而止，避免过度设计，注重情绪体验和氛围营造的设计策略。

手绘概念图

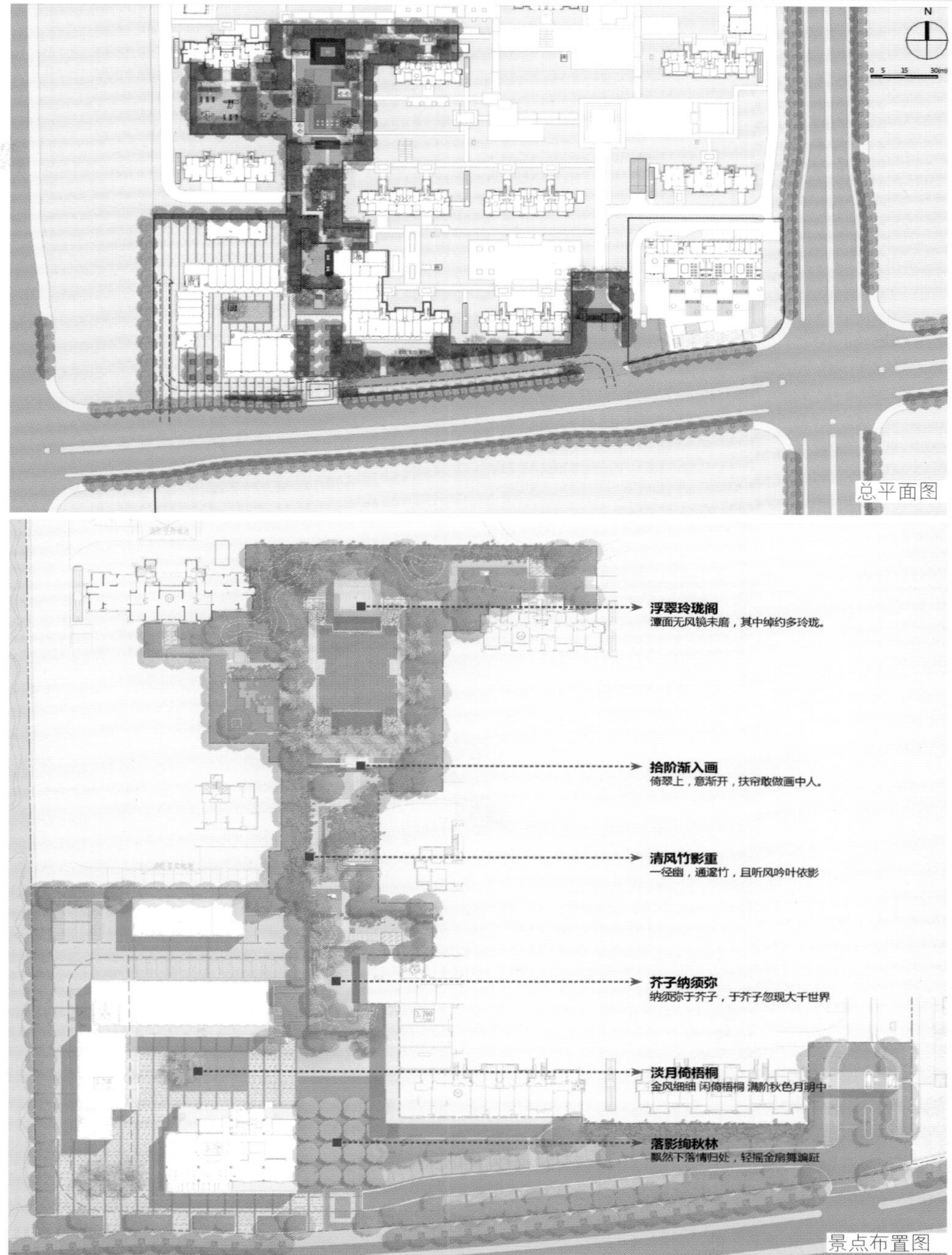
N
浮翠玲珑阁
潭面无风镜未磨，其中绰约多玲珑。
拾阶渐入画
倚翠上，意渐开，扶帘敢做画中人。
清风竹影重
一径幽，通邃竹，且听风吟叶依影
芥子纳须弥
纳须弥于芥子，于芥子忽现大千世界
淡月倚梧桐
金风细细 闲倚梧桐 满阶秋色月明中
落影绚秋林
飘然下落情归处，轻摇金扇舞蹁跹

总平面图

景点布置图

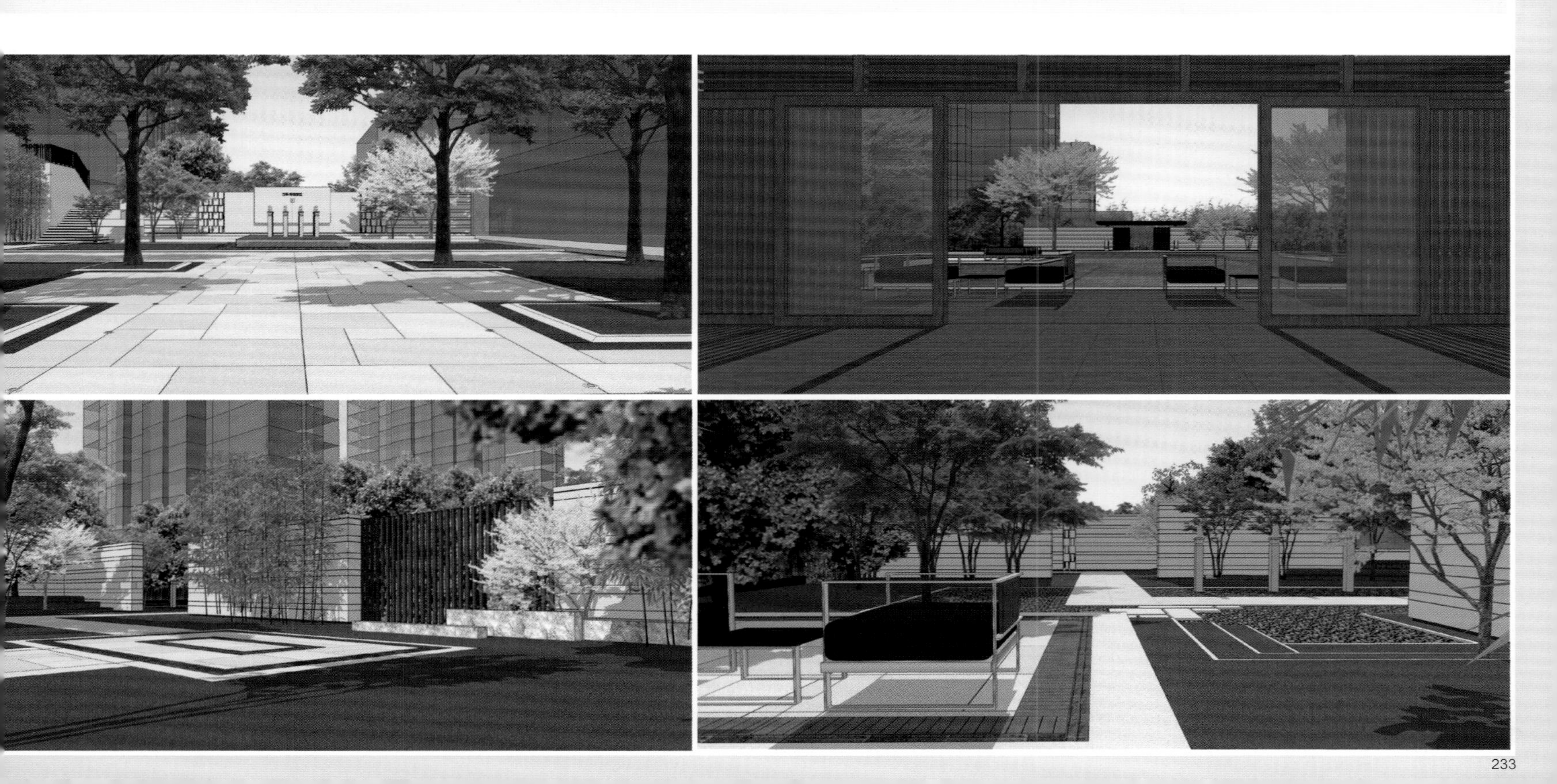

项目概况

苏南万科玲珑东区位于江苏省苏州市工业园区，临近白塘公园。本案建筑由 20 栋高层住宅，一组商业群和一所幼儿园，以及一个地下汽车库组成。住宅建筑使用上为商品住房。建筑设计风格为新中式风格——大气、沉稳、高贵。商业布局沿南侧市政道路布置，并结合住宅社区出入口，形成内向型商业广场，使地块商业价值最大化，并为住户提供了生活便利。

风格设计

本案为中高端改善型住宅景观项目，景观设计风格采用现代东方主义的设计特点，在满足各种使用功能基础上，重视居住的精神和心理需求，为居民放松、休憩、活动和交往提供了有益的空间。依据本案的规模和建筑形态，建筑方案所表达的外观风格，形式及特征，确定本案风格为新中式景观，形成于中式园林景观基础之上，兼容现代简约设计手法，具有相当高的环境品质。

整体设计

空间灵动、植被清逸，水景贯穿其中，小品静雅，亭榭安逸，具有浓郁的禅宗意境，相对传统的中式风格来说，更显清雅、淡丽，适用于玲珑东区这种营造具有浓郁文化气息的精品项目。自然、朴质与人文气息交融，浓郁的休息氛围，多拼接禅意住宅体验，赢筑独具一格的现代新中式禅居，引领一种引人入胜的生活。

EAST SIDE GARDEN

楼盘信息

楼盘区域：城郊
建筑类型：
高层、洋房
项目类型：住宅
绿化率：46.8%
楼盘容积率：2.135

领衔未来的巅峰动力

项目名称：长沙万科紫台 | 项目地点：湖南省长沙市 |
项目面积：30 000 平方米 | 摄影师：绿风摄影、陈中

北京创翌善策景观设计有限公司 设计作品

设计理念

旧址遗构需梳理整合的再设计工作，才能更好地得以重生与利用。在现场踏勘过程中，设计师保留厂房前侧有红砖办公楼一栋，品质更好，可惜落位在社区规划建设红线之外，行将拆除，是否可以有意味地加以利用？再从社区规划布局观察，可以发现前区保留建筑群一侧是主要交通路径，由此通往社区主入口，如何协调主入口与毗邻的保留建筑二者之间的关系？诸如此类的现状与未来使用的问题摆在面前，探求如何以整体性设计策略解决细碎问题的思考，成为本次设计的起点。

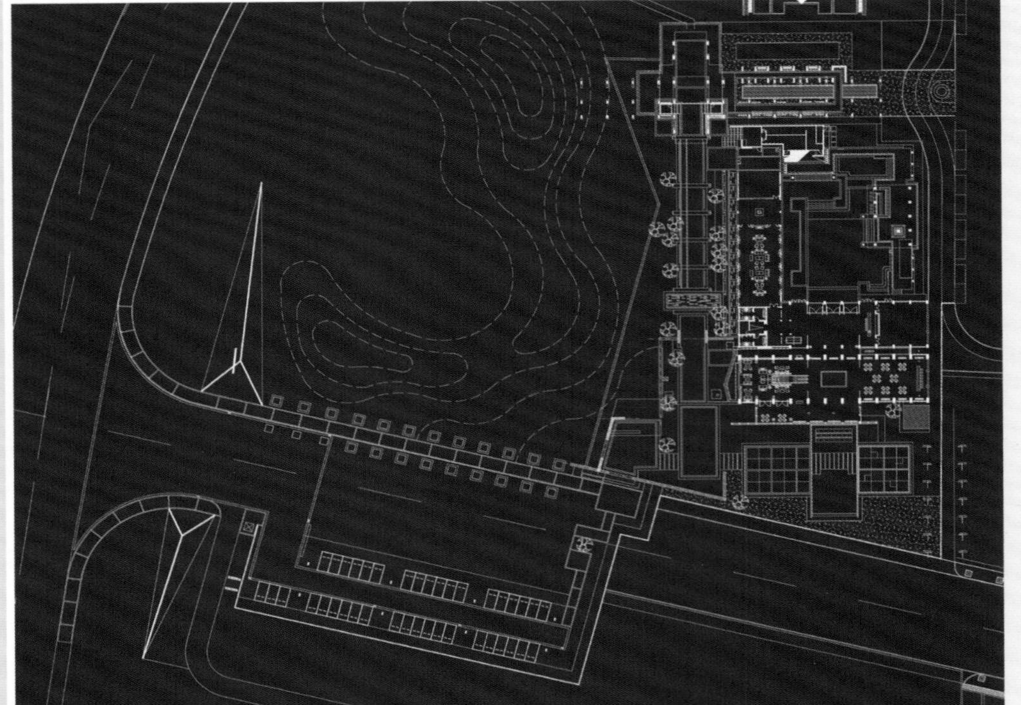

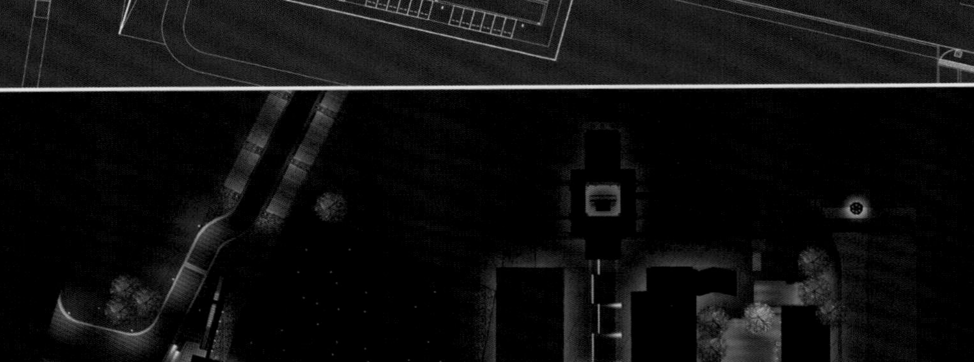

项目概况

长沙万科紫台项目，原址为长沙机床厂。厂区毗邻湘江，依傍山地，大树荫翳，厂房阔大。其中，旧址保留区位于原厂区中部，包括 L 型布局的厂房，高耸挺拔的砖砌烟囱，双坡顶的过秤站等。这些保留元素，与外侧植被繁茂的山坡绿地围合在一起，恰好可以改造利用为今后社区的公共服务场所。

入口与“工业教堂”设计

在社区规划中，主入口与保留的砖砌烟囱遥相对应，形成垂直于主要社区道路的“横轴”。本次设计中，利用这条横轴，整合入口与烟囱之间的带状空间，形成社区内部与外部的过渡，也塑造出具有张力的景观特色空间：将厂区中非保留区域计划拆除的高大混凝土柱列双排分列移置于横轴空间中。由此，面向社区道路，形成双重门廊，局部加设钢构顶棚，作为独特的社区入口门厅；面向保留的砖砌烟囱，形成两侧柱列夹映的大纵深围合庭院，中设浅池，保留的砖构烟囱倒影其中，绿色山坡作为背景，初始的工业建构由此恍如具有了神性的教堂；而徘徊于柱列连廊之间，又可体会出一种工业神性注视下的悠闲与顽皮……需特别说明的是，在施工过程中，入口廊架钢构顶棚与保留大树的枝干揖让交错，甲方与现场实施人员做出了巨大努力，最终效果宛如天然的编织。

旧砖庭院与水池设计

临近规划道路的保留厂房外侧，是今后一处面向城市的小型广场，而前述需要拆除的那栋漂亮的红砖办公楼就坐落于此。老楼废弃了，我们利用其拆下的红砖，在原楼基座位置铺设了一块休憩平台，设想可以因此描述既往建筑的存在，也为今后的广场形成合理的动静分区。红砖平台中嵌入一块水面，与厂房会所后的泳池呼应，成为穿越建筑室内的水景轴线。

泳池与“过秤站 lounge”设计

L 形老厂房将改造成为社区的服务配套建筑，其与外围山坡围合出内向的庭院，庭院中设置露天休闲泳池，而现场中遗存的一座双坡顶过秤站正好位于山坡下泳池之畔。设计中将其保留改造为泳池配套的小型服务休憩亭，其朴素的形式成为区别于同类社区泳池区的特色。于是，长沙紫台就此拥有了一个特殊的“过秤站 lounge”。泳池的更衣室在原有厂房一端加建，是一个嵌入式的金属体块，围合泳池，也延续了新与旧穿插并置的设计原则。

植物和铺装设计

保留厂房的一侧是通往社区入口的主要道路，现状道路两侧有高大的林荫乔木，在施工中全部加以细致的保护与保留，这样一条保留了原生林木的路径，一直向社区内部延展进去，成为贯穿社区内外的绿荫纵轴。在林荫呵护下的纵轴道路上，铺装材料采用了老厂区的红砖与铁轨，这个设计方式不仅是意在使拆除的建材得以再生，更设想这些经过岁月雕刻的材料痕迹能够为新建的社区增加时间沉淀的质感。

这个设计，也一如我们既往改造利用老厂区的景观设计初衷：城市文脉的衍生不是全部的拆除新建可以替代，新与旧并置所产生的场所张力也无以替代：旧址原物的保留不需粉饰，因为它们的价值正体现于诚实地呈现；利用，是一种再生，也是一个借口，由此，一代人的记忆与城市的记忆得以安顿。

CULTURE
HISTORICAL

MORDEN
CULTURE
HISTORICAL

楼盘信息

楼盘区域：城郊
建筑类型：
多层、高层
项目类型：住宅
绿化率：36%
容积率：2.0

雅致与精致相映成趣

现代技法演绎温润优雅

项目名称：中建锦绣天地 | 开发商：上海中建孚泰置业有限公司 | 项目地点：上海市青浦区
占地面积：112 000 平方米 | 项目规模：54 000 万平米

LANDAU 朗道国际设计 设计作品

设计理念

“中建锦绣天地”汲取中华文化瑰宝——锦绣技艺为灵感，
将自然的雅致与缔造的精致融于这一方小天地，内秀其中，
前场向内层层递进的空间感受，从阵列的仪式灯光到精心挑选的自然乔木，
再到现代雅致的建筑入口，
金属的肌理质感在水波涟漪中的斑驳树影相映成画。

中建锦绣天地

项目概况

项目位于上海市青浦区，蟠龙路道以东，诸光路以西；毗邻地铁 2 号线、上海虹桥枢纽，交通便捷；作为中建虹桥综合区中率先开发的住宅版块，现代中式的风格融合浓郁文化气质，是中建地产在上海西虹桥开发区的壹号作品。

设计理念

建筑内外通过细节元素的把握，一体成轴，前场、入口、中庭、外院，用现代的手法去演绎温润的优雅。

景观设计

似山若水的庭院造景手法，建筑如高山，横条的遮阳玻璃百叶，遮阳又透光，为室内空间提供了怡人的光线和风，精致的水中景观与廊下空间一静一动，小园可见大景，意境，用建筑诉说背景，用水景赞美光影，用细节缔造故事。

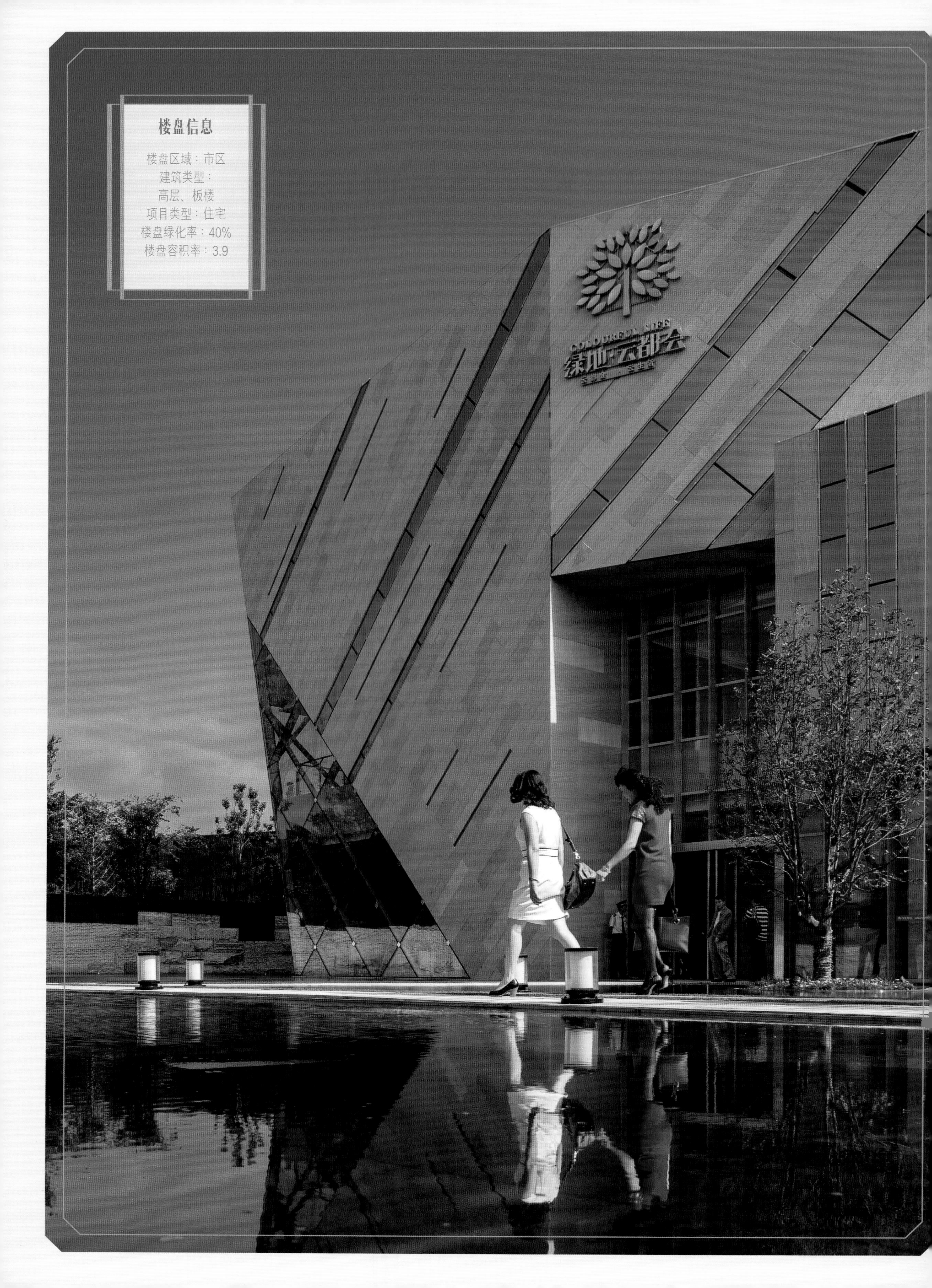

楼盘信息

楼盘区域：市区
建筑类型：
高层、板楼
项目类型：住宅
楼盘绿化率：40%
楼盘容积率：3.9

从移步换景到无处不景

沉醉山水臻稀大宅

项目名称：昆明绿地 · 云都会　|　客户：绿地地产　|　项目地点：云南省昆明市　|　示范区面积：3 900 平方米

上海广亩景观设计有限公司　设计作品

设计理念

本项目跳出了以往样板区“动态观景，移步换景”的传统套路，探索出“静态体验，无处不景”的全新设计理念，更注重人们与空间、细节、服务的互动体验。体现在平面布局上便是没有常见的蜿蜒曲折的花径、或大或小的草坪，花纹繁芜的铺装，取而代之的是大胆前卫的平面构图，现代简洁的线条组合，强调立体感受的空间营造。

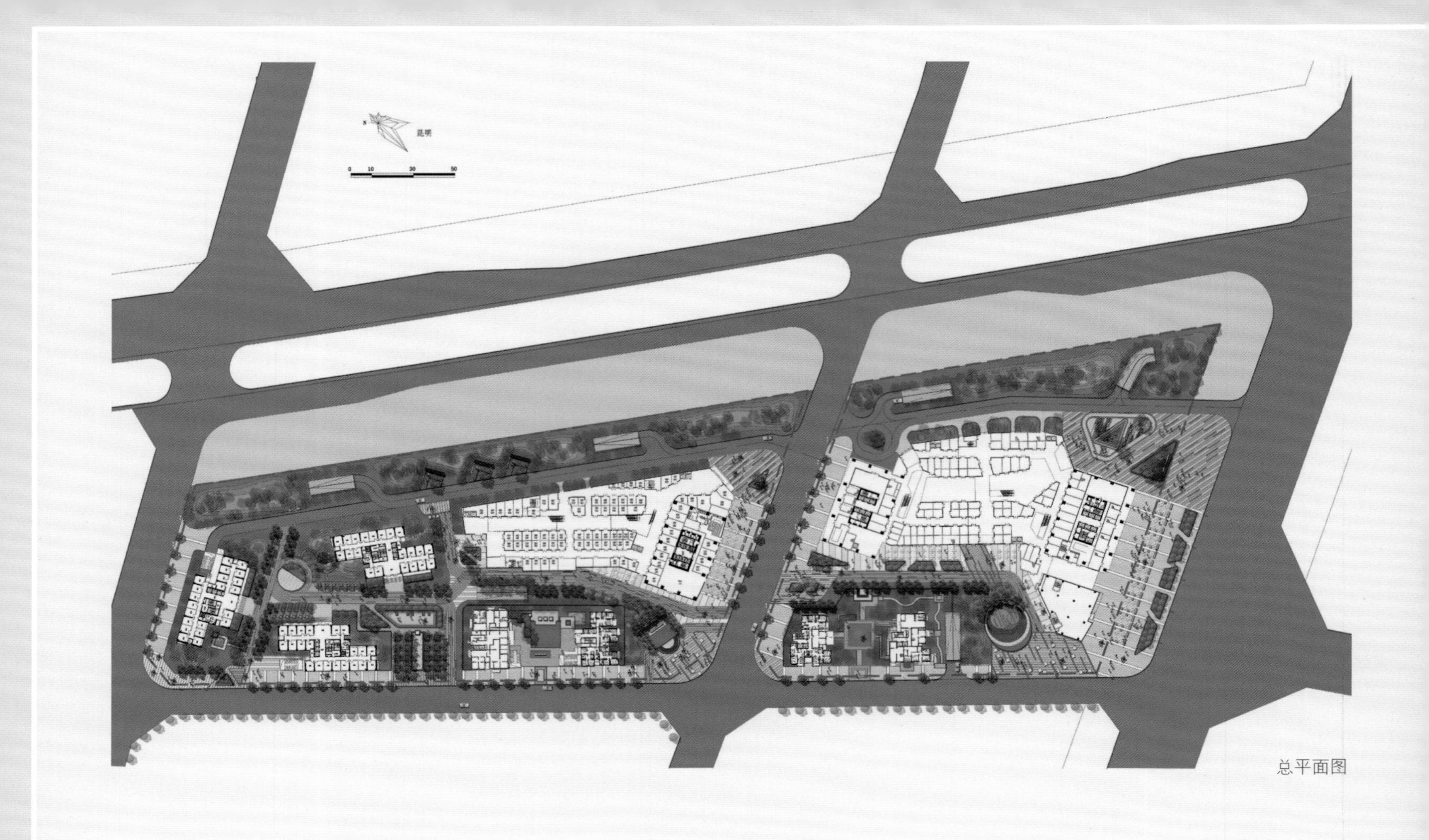

总平面图

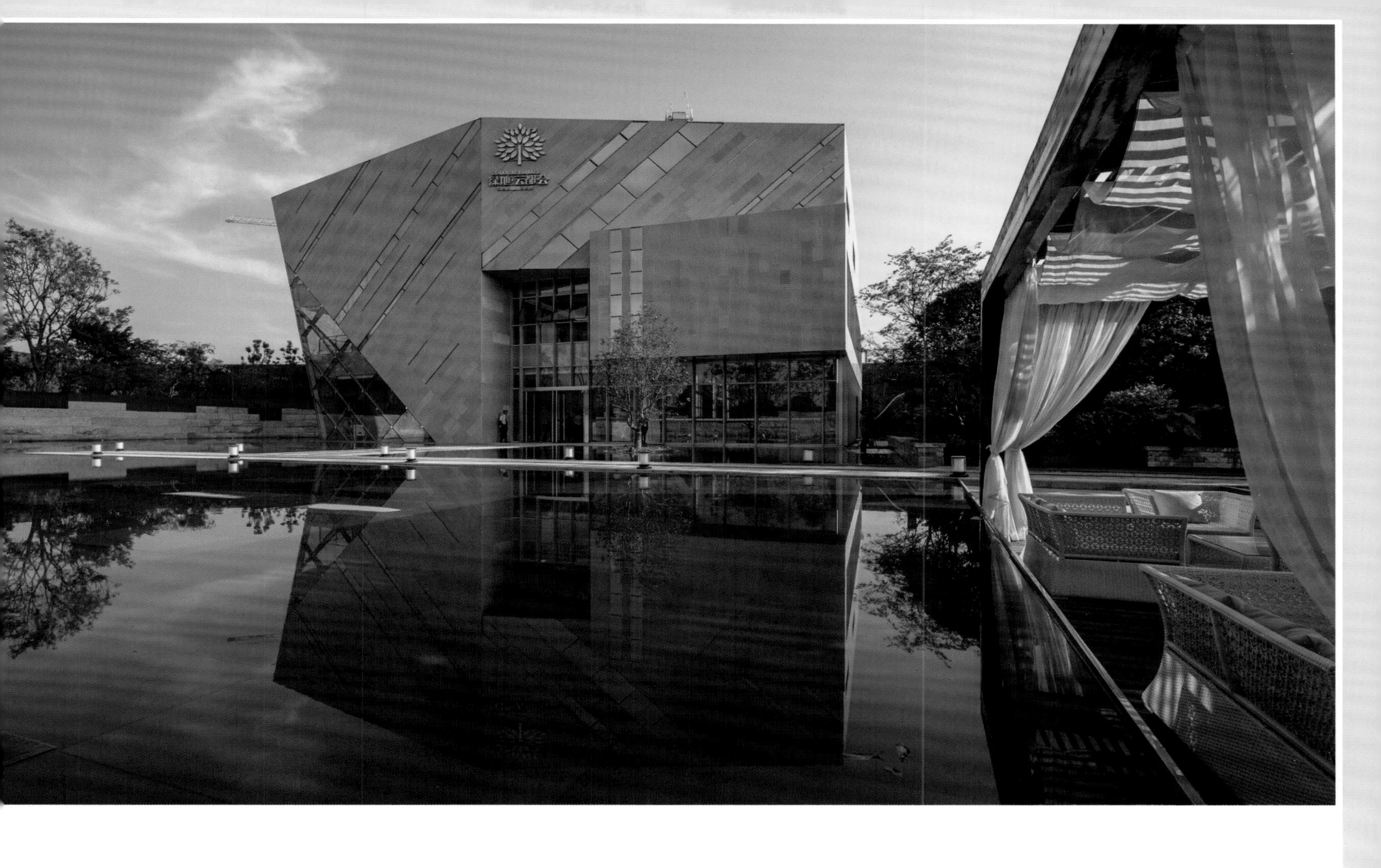

COLOURFUL LIFE
绿地·云都会

COLOURFUL LIFE
绿地·云都会

项目概况

云都会现场条件恶劣，位于丁字路口。景观构建围合空间，将外面杂乱的原色遮蔽，保证样板区纯粹、独立的空间区域；外部用绿化的形式，弱化了不良景观元素的干扰且创造出与周边环境反差极大的高端城市界面。昆明绿地·云都会样板区的落成是现代风格的一次成功探索，是创意成就景观的一次有力证明。

入口设计

进入样板区，循着宽大的石材台阶拾阶而上，一棵树形完美、堪称极品的大桂花树映入眼帘，树影斑驳，映在 logo 石材景墙上，紫铜雕刻的铭牌，与大桂花一起，奠定了项目低调奢华的气质。

前后场空间设计

在通往后场的线路组织上，摒弃了传统的迂回曲折、花海草坡，选择了仪式感极强的石材通道，三面围合，种植退到石墙背后，树冠交错，弱化了通道的坚硬感。石材的铺设强调水平的延伸，两条草坪和卵石带破除了空间的单调感，将视线引入端头的景墙。景墙的水帘活跃了通道的隆重感，海芋和鲜花，让人仿佛置身东南亚度假酒店。

绕过景墙角落盛开的鸡蛋花，沿着一条飘在水上的铺装，视线尽头，是一棵秀美的白玉兰矗立在倒映着蓝天白云的水面。这是景观的核心——“水院子”。

院墙设计

院墙是大块面的干挂花岗岩，面层是自然面，再机拉处理，朴实而不失细节；顶部用人造草坪自然过渡到林冠线上；水面使用万能支撑器，水面浅至 3cm，线性排水沟收边，道路和水面齐平，水面环绕着建筑，远远地延续到建筑背后；水中设有下沉式帷幔亭，帷幔亭中舒适的沙发，人坐在亭子里，既在看风景，也是风景的一部分。

绿地·云部会

材料设计

铺装上以黄锈石荔枝面为主材料，台阶用整石斜处理及精致又可藏灯；长条形的尺寸纵深感较强，与立面上的材料尺寸统一，整个界面纯粹干净；人工草坪破除了全石材的单调，也避免了真草坪带来的麻烦；人工草坪还用于背景立面围挡，比常规的彩绘版效果好很多，并且还可以反复使用。水院子中的围墙石材用大面积自然面黄锈石干挂，经过机拉处理显得朴实中不乏细节。水底石材用大块面的中国黑，通过高低变化，在水中形成深深浅浅的石斑，丰富了平面的形式。

植物设计

因地制宜，适地适树是原则。树形优美为主要选苗标准，尤其是关键节点的大树。由于空间的特殊布置，传统的五重绿化并没有被着重强调，而是其次依据昆明当地的特点，选择滇朴、鸡蛋花结合海芋等，合理配置，营造浓郁的热带风情。

楼盘信息
楼盘区域：市区
建筑类型：多层、高层
项目类型：住宅、公寓
楼盘绿化率：30%
楼盘容积率：2.76

上海滩崛起的璀璨新星

项目名称：上海万科陆家嘴翡翠滨江 | 客户：上海万科 | 项目地点：上海市 | 项目面积：60 000 平方米 | 图片提供：LANDAU 朗道国际设计

LANDAU 朗道国际设计　设计作品

设计理念

在景观规划方面，不惜利用大量土地资源，建造了相当于一个淮海公园大小的绿化景观。运用水景和绿植为现代风格的建筑和硬质景观注入活力，增添人文气息，营造宜居、高端的现代豪宅典范。

滨江
789

项目概况

万科翡翠滨江位于浦东新区昌邑路 1500 号（近姚林路），坐落北外滩，毗邻浦东大道与民生路，正对黄浦江，向西可观陆家嘴，是陆家嘴东扩版图的首个地标性建筑。目分三期开发，总建筑面积约 50 万平方米，由高端住宅、商业、办公、会所、幼儿园和小学多种项目业态组成，致力于打造滨江沿线最佳高端社区。万科翡翠滨江是科在上海首次站在区域规划的高度，进行整体包装与考量的高端产品项目，也是目前上海内环内整个陆家嘴滨江沿线最大的城市综合体项目。土地价值尤为稀缺，可以说“曾有，也不再有”。

区位优势

陆家嘴金融区是国内规模最大、影响力最深远的 CBD，是继纽约曼哈顿、伦敦金融城之后的世界第三极。2008 年底，陆家嘴中心区东扩工程正式启动，预计到 2015 年完成包括世纪大道以北、浦东大道以南、浦东南路以东、崂山西路以西的整片区域，东扩后的陆家嘴中心将达到 340 万平方米，是目前的两倍。万科翡翠滨江作为浦江岸综合开发的四个重点区域之一，未来将于老外滩、陆家嘴的顶级住宅区不分伯仲，构成上海中央腹地的“黄金三角”。

项目定位

万科翡翠滨江紧靠民生路码头与老粮仓，伴随民生路码头全面打造成为浦东“新天地”，项目连带片区将成为黄浦江沿岸中心地段最大的时尚创意产业园。另外，耗资亿元的民生港大型改造将于 2015 年竣工，未来与翡翠滨江一、二期共同构建起一个以全球地标性港口为平台，融汇高端居住、艺术、商业、时尚的奢侈生活场，是与港维港、新加坡克拉码头、日本横滨港齐名的亚洲生活坐标。

植物设计

展示区外左右两边种植着两排成形的大树，茂密的冬青团团围绕着树木，不露出一点多余的土壤。两边的大树排列整齐，形成强烈的仪式感。当暮色降临，华灯初上时，树影伴随着华丽的灯光，构成一道迷人的夜景。

水景设计

潺潺的流水给人带来一种生命力。本案的水景设计将雕塑、绿植等囊括其中，水中的人体雕塑为景观设计增添了些许现代时尚感。水中的树池犹如小岛一般，静静地浮在水面上。水体紧邻着展示路线，拉近人与水景的距离，让访客近距离地感受亲水空间。

楼盘信息

楼盘区域：市区
建筑类型：板楼、多层
项目类型：
住宅、商业、别墅
楼盘绿化率：30%
楼盘容积率：2.00

高尚文化居住体验

项目名称：万科长沙金域缇香 | 客户：万科地产 | 项目地点：湖南长沙市
总占地面积：43 000 平方米米 | 图片提供：SED 新西林国际

SED 新西林国际　设计作品

设计理念

秉着“大气时尚、干净纯粹”的设计宗旨，设计师们从“空间 - 光线 - 质感”三方面出发，发散思维的同时紧扣表现“高尚居住文化”主题，对整体色彩、造型进行组合变化。整个展示区的主墙面为大方简洁的浅灰色清水混凝土材质，借用“书阁”的木构架造型及暖色调重点照明进行立面构成，令整个空间感到质朴却不失设计感。

项目概况

万科长沙金域缇香位于长沙市岳麓区，SED 新西林景观国际在对该项目进行前期调研时，研究其交通、功能等多方面属性，最终为该项目赋予"藏书阁"这一独特的设计理念

古时，帝王和权贵通常将书捐赠予书院。每一本书都经过独特装帧，蕴含着宝贵的知识。书被看成是财富的象征，因此藏书楼受到特别的重视和保护。装放书本的书架 常组织起整个空间，成为建筑内部独特的体量。因此，在整个展示区空间内，设计师利用空间到光线的组织手法，让整个区域凸显出浓郁的书香气息，具有饱满的空间质感

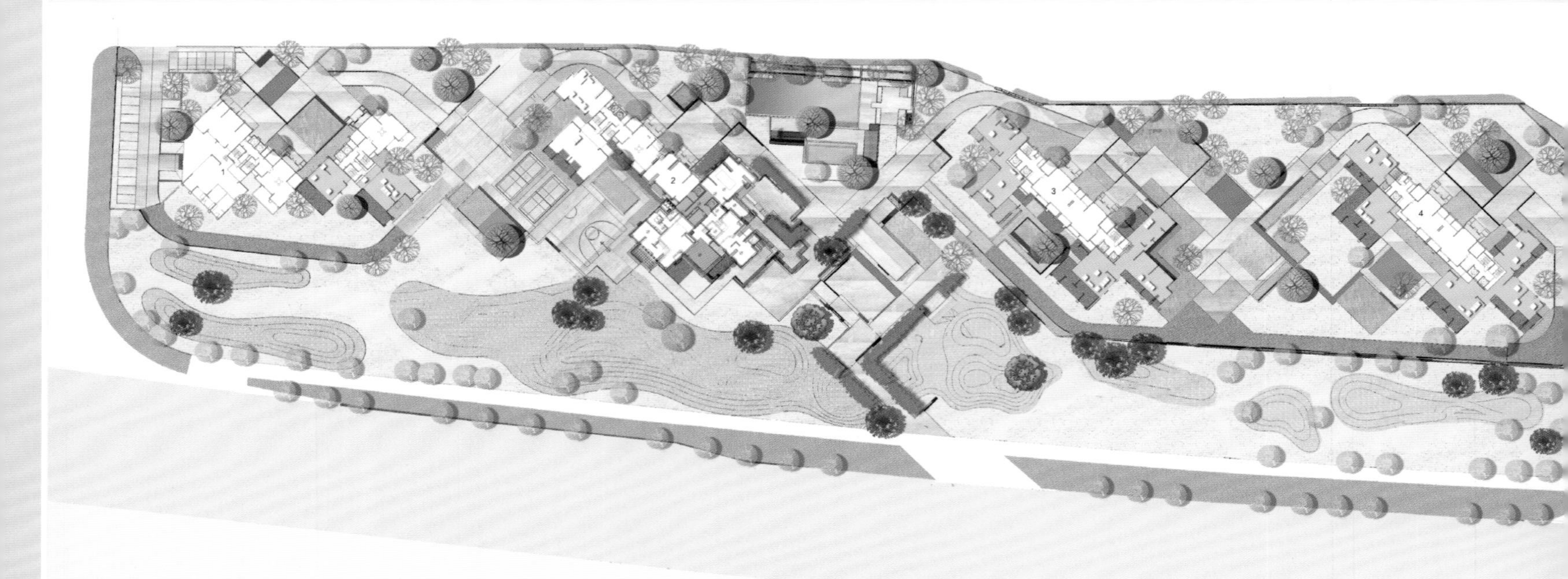

设计理念

设计的目的是要通过简洁纯粹的墙体、地面铺装以及狭长的主入口来提升场地的隐蔽性，突出了设计理念中的“藏”字。在繁忙的都市中为世人打造一个隐于尘嚣，可以静下心来阅读思考的隐蔽空间。干净的浅灰色清水混凝土墙面和灰白色的 PC 材质的地面铺装，给予人们丝丝凉意。这对于被称为“四大火炉”之一的长沙来说，无疑是一个贴心的设计思考。

设计初期，为了让建筑、室内、景观三者可以最大程度上的统一起来，三方的设计师们通过多次的会议讨论交流，共同讨论最终设计方案及细节。所以，书架及书卷的元素的运用由景观过渡到室内，由外至内书阁元素逐渐递增。移步室内，呈现在眼前的俨然是一个现代古典的书院设计。

同时，项目基地外围的市政绿化带也是该项目设计的一部分。设计师摒弃传统的绿化带的设计思想。意把“藏”字推到一个更加深刻的层面上。绿化带的树高大而密集，把项目外围包了个严严实实，但是慢慢走到主入口却又给你带来一种“山穷水复疑无路，柳暗花明又一村”的奇妙感受。

入口设计

项目的主入口，设计师们也运用了别具匠心的设计。道路狭而长，是刻意让视野不要太过开阔，慢慢行走，通幽曲径，可以欣赏到沿路不同的景致。当你走过狭长的入口廊道，会发现豁然开朗，因为此时你看到的是一个书架造型的门头，它出现在这里不仅起到了空间缓冲的作用，同时减少迎面高层所带来的压迫感。

楼盘信息

楼盘区域：高新园区
建筑类型：多层、高层
项目类型：住宅、商业
楼盘绿化率：30%
楼盘容积率：3.50

创造全新的环境体验

项目名称：郑州万科城展示区　|　客户：郑州万科　|　项目地点：河南省郑州市　|
项目面积：18 000 平方米　|　摄影师：Béton Brut

源点设计　设计作品

设计理念

万科城的周边环境乏善可陈、地势平坦、尺度很大，所以景观设计必须确立一个独特的城市形象。前广场像网格一样交错的步行道定格了人行动线，在步行道之间建造超尺度的人造地形、旱喷广场、儿童游乐区，让人对这个场地难以忘怀。

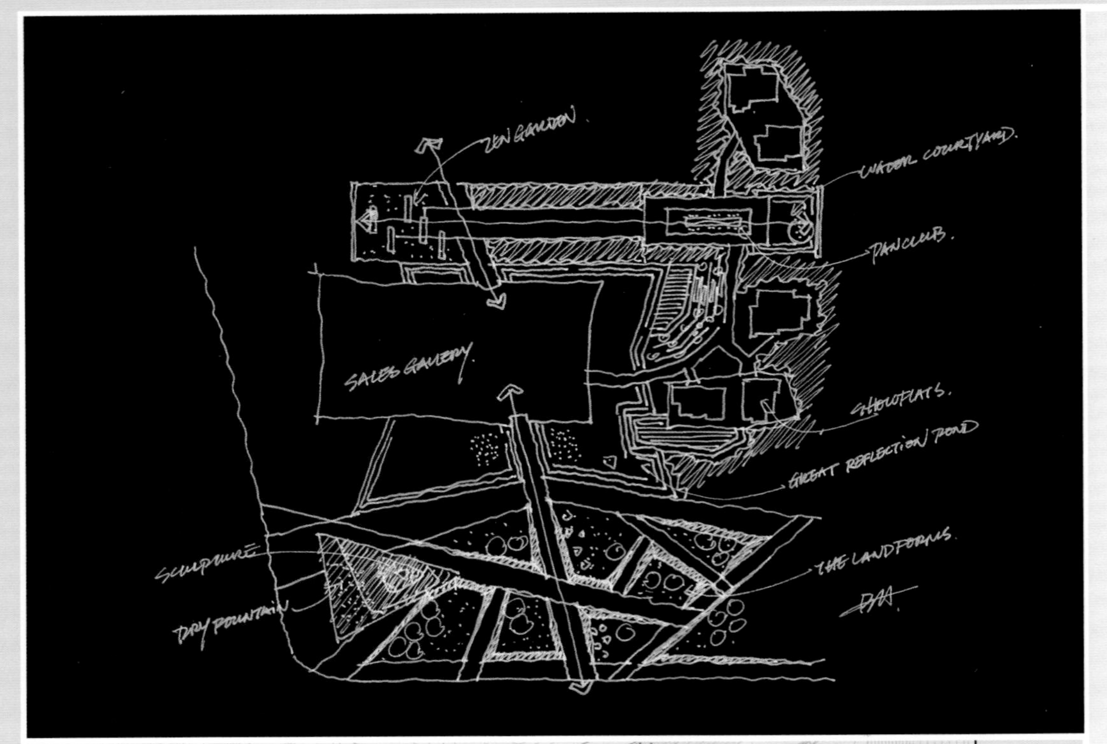

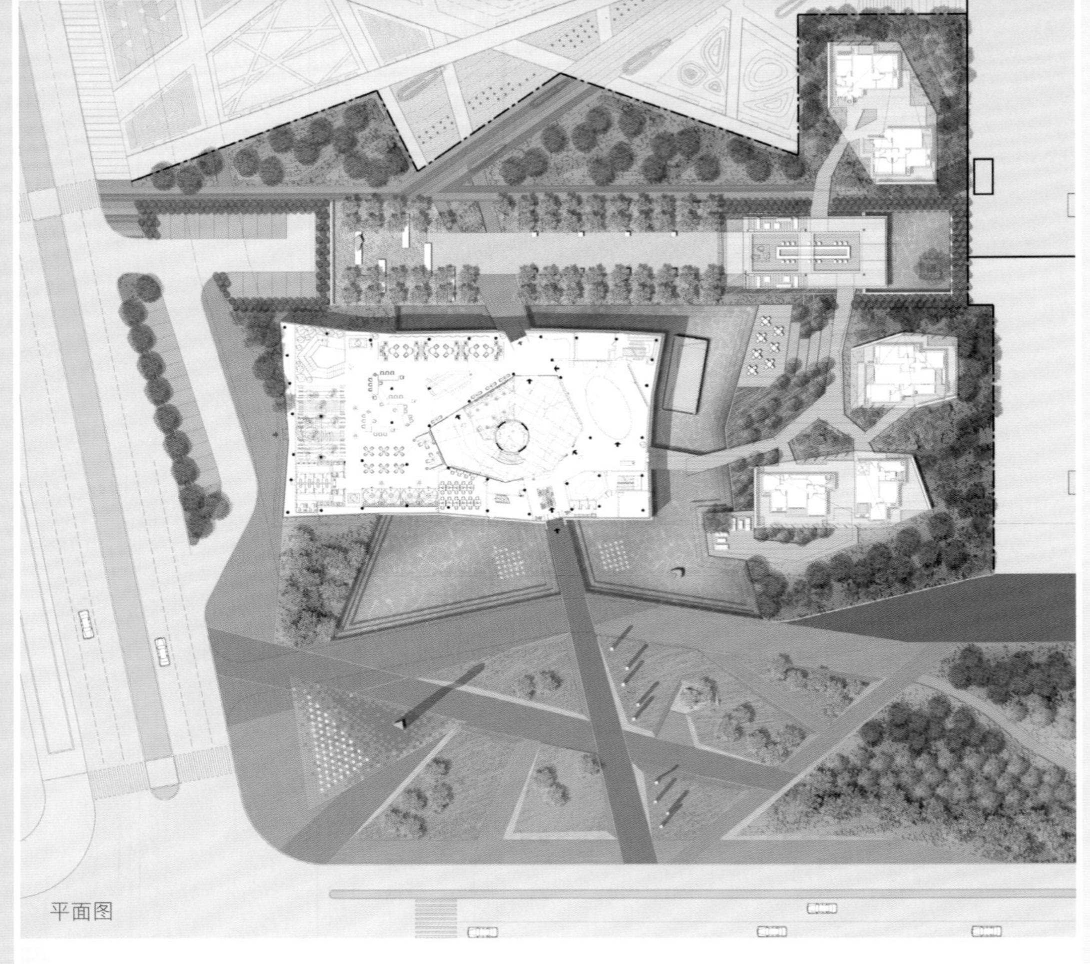
平面图

项目概况

郑州高新区始建于 1988 年，是 1991 年国务院批准的国家级高新技术产业开发区，然而在接下来的约 25 年中，高新区发展势头一直未达到理想的速度，给人一种“一直在沉睡”的感觉。郑州万科城位于郑州高新区内，占地超过 1 000 000 平方米，在未来十年将会为超过 30 000 家庭提供住所，是中国最大的新城发展项目之一。万科城展示区是要给未来的住户提供一个全新的城市环境体验，满足区内不断高涨的住屋需求。

水景设计

前广场为该区域内的一个充满场所记忆的聚会地点。前广场和后花园之间设置了一个 1 500 平方米的镜面水景，镜面水景既限定了人行动线又融合的前后景观。在镜面水景上的涌喷泉为建筑景观制造了一个不断变化的倒影效果。售楼处在将来会改造成为一个社区中心，为社区居民（包括儿童和老人）提供公共活动空间。

庭院设计

对比于大尺度的前广场，样板房区则通过一系列小尺度的庭院，提供一连串宜人的休闲活动空间。这些庭院包括了禅意庭院、合欢大道、水院、枫树庭院、下沉庭院和阳光平台等，后花园串联的空间和前广场一起，组成了一个整体而又丰富的景观体验。

盛大开放
一座万科城 改变一座城

楼盘信息

楼盘区域：科技园区
建筑类型：独栋
项目类型：别墅
楼盘绿化率：30%
楼盘容积率：0.80

开创莞城新局面的至尊美宅

项目名称：东莞万科松湖中心 | 客户：万科地产 | 项目地点：广东省东莞市 |
项目面积：20 000 平方米 | 图片提供：北京创翌善策景观设计有限公司

北京创翌善策景观设计有限公司 设计作品

设计理念

如何塑造新的线索，穿越一片既有的生态风景，又如何沟通这片风景与新构建筑群之间的关系，这是我们在东莞万科松湖中心首开区景观设计中需要面对的问题。在本项目的施工营造中，需要面对两个方面的难点：一是包括地形、植被、水体的现状条件的复杂性；二是大量多面折线几何形体塑造与饰面通缝处理的完成度。

平面图

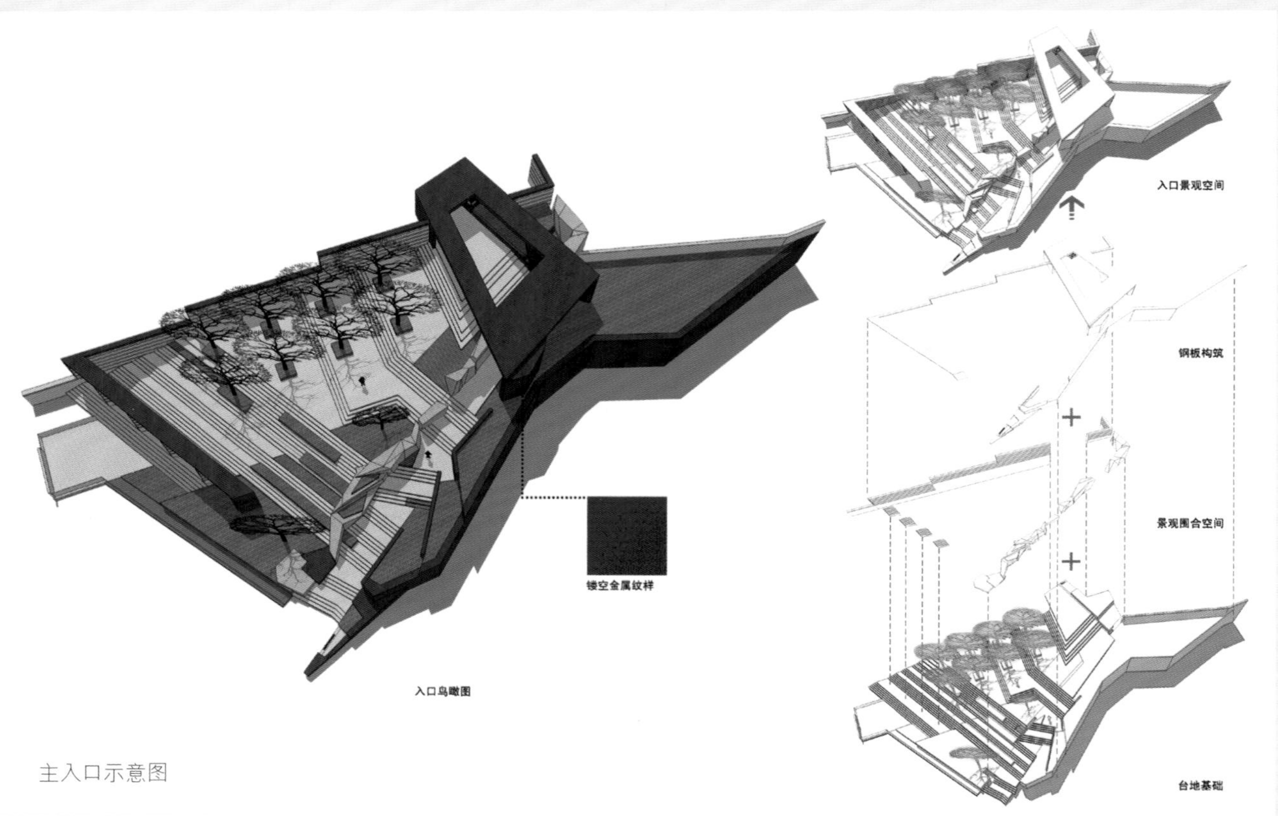

主入口示意图

项目概况

东莞松山湖科技产业园区，整体环境规划具有山水城市的格局特色，地势起伏连绵，植被葱郁覆盖，湖湾湿地错落分布，自然生态的面貌与产业园区的功能得到良好的融合。在区内新竹路与红棉路之间，有一个东西走向的溪流湿地带状公园，公园用地地势比外部道路低洼，所以也被称为“沟谷公园”。东莞万科松湖中心一期工程便坐落在这个公园的南侧。

空间组织及动线

松湖中心的首开区景观内容，包括在公园北侧新竹路边开设一处新的入口，将人流引导进入南北向穿越公园的路径，设置一座景观桥沟通溪流南北两岸，营造南岸松湖中心与公园现状的过渡空间，营造松湖中心建筑群体的内部景观及改造松湖中心东侧现有小型内湖。

水景设计

从掩映在新竹路的入口拾阶而下，一道折桥起伏穿过睡莲盈盈的水面、穿过现状保留的小岛和岛上榕树的绿荫。到达南岸后，风景再次展开，利用内湖与溪流的高差形成层叠的溢水，叠水一侧是松湖中心的入口景观，因借现状高差形成台地场景。

入口和庭院设计

台地的一部分是通往入口的路径，另一部分是面向内湖的观景庭园；二者之间有高低错动的几何石体间隔，两侧视线可以渗透，两个空间也因此交流互动。在抵达松湖中心入口处，线索演化成为一处的“门庭”，既是可以凭高望远的“轩”，也是回环围合的“廊”。于是，常规入口的“一”字型管理模式转化为到达后的空间体验。从此进入建筑群体内部，线索并未终结，内部环境中林荫的庭园与竹林的庭院形成内外环境的呼应，风景的感受在流动、穿越之后，抵达内敛与宁静。

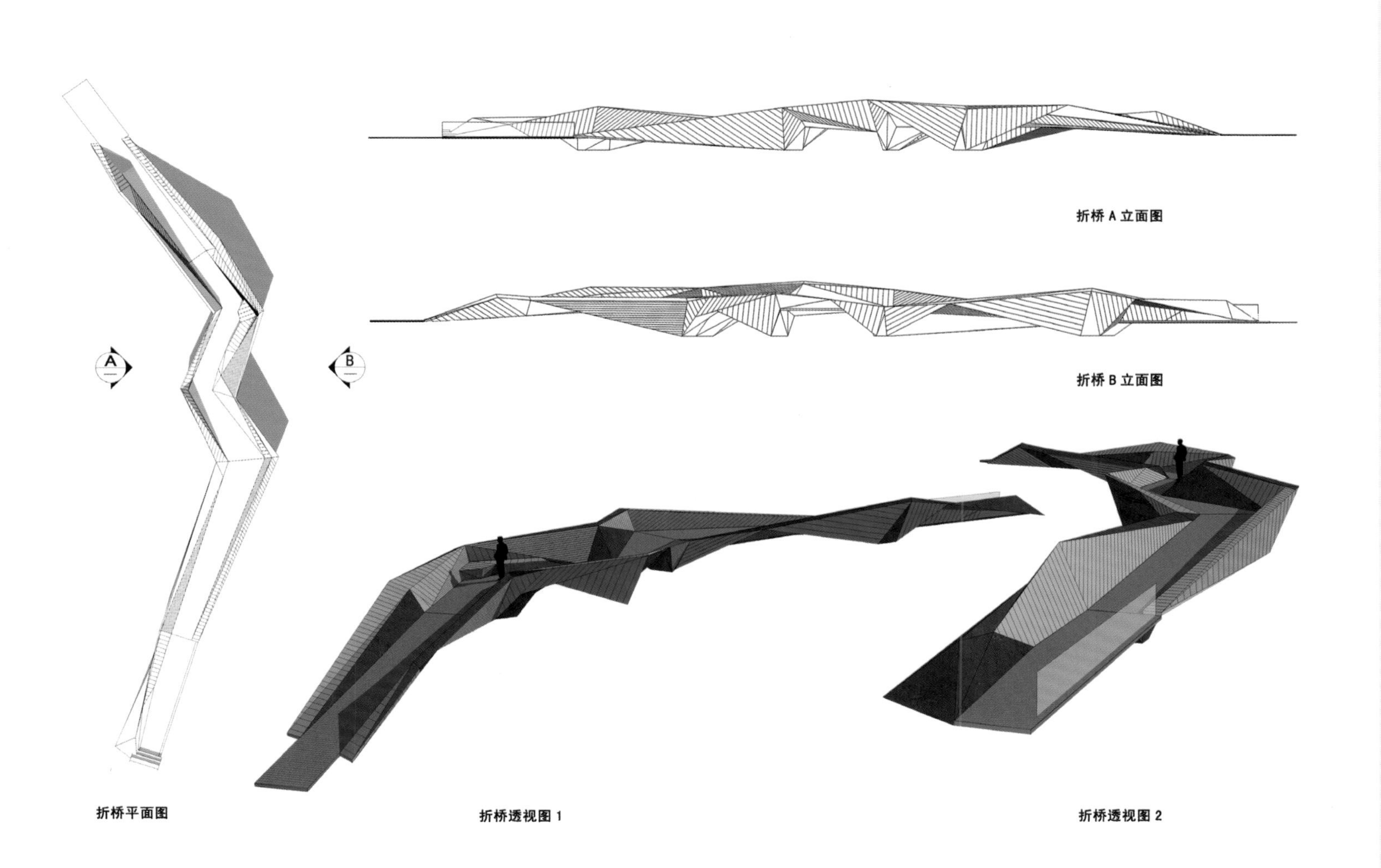

折桥 A 立面图

折桥 B 立面图

折桥平面图

折桥透视图 1

折桥透视图 2

材料选择

为表达完整的景观形态，项目中材料的选择也需要简约并具有质朴的表情。因此，主要的材料选定为耐候钢板与黄锈石。两种材料在连续线索的空间形体中错落应用，到达主要的入口门厅空间时凝聚为耐候钢板的纯粹表达。

植物设计

对于现状生态环境，在项目的进展中考虑了多方面的保护、恢复与提升：在穿越现状绿地的路径建设中，规避现有成熟植物群落，保留小岛及植被；水面平台及栈道基础采用松木打桩；补植大量乔木、地被及水生植物；更将内湖改造成为具有人工湿地作用的清洁水质群落系统，为开放的沟谷公园提供水质的涵养与补充。

MASTER'S

中山大学研究院

楼盘信息
楼盘区域：郊区
建筑类型：独栋
项目类型：别墅
楼盘绿化率：40%

隐逸现代新中式

项目名称：华侨城十号院　|　客户：华侨城地产　|　项目地点：上海市闵行区
总占地面积：73 067 平方米米　|　图片提供：SED 新西林国际

SED 新西林国际　设计作品

设计理念

创建一个中西合璧、现代的纯独栋时代庭院，是我们对该项目的景观设计定位。即是把东西方精髓结合，极力营造一种现代化的智慧空间，同时追求自然的精神与气息。

项目概况

海 OCT 华侨城十号院坐落于上海市浦江镇，项目基地西侧的 20 米景观绿化带及南侧的黎明河，为十号院奠定了良好的自然景观基础，SED 新西林景观国际也欲与开发商将该项目打造成为高端住宅项目的典范。

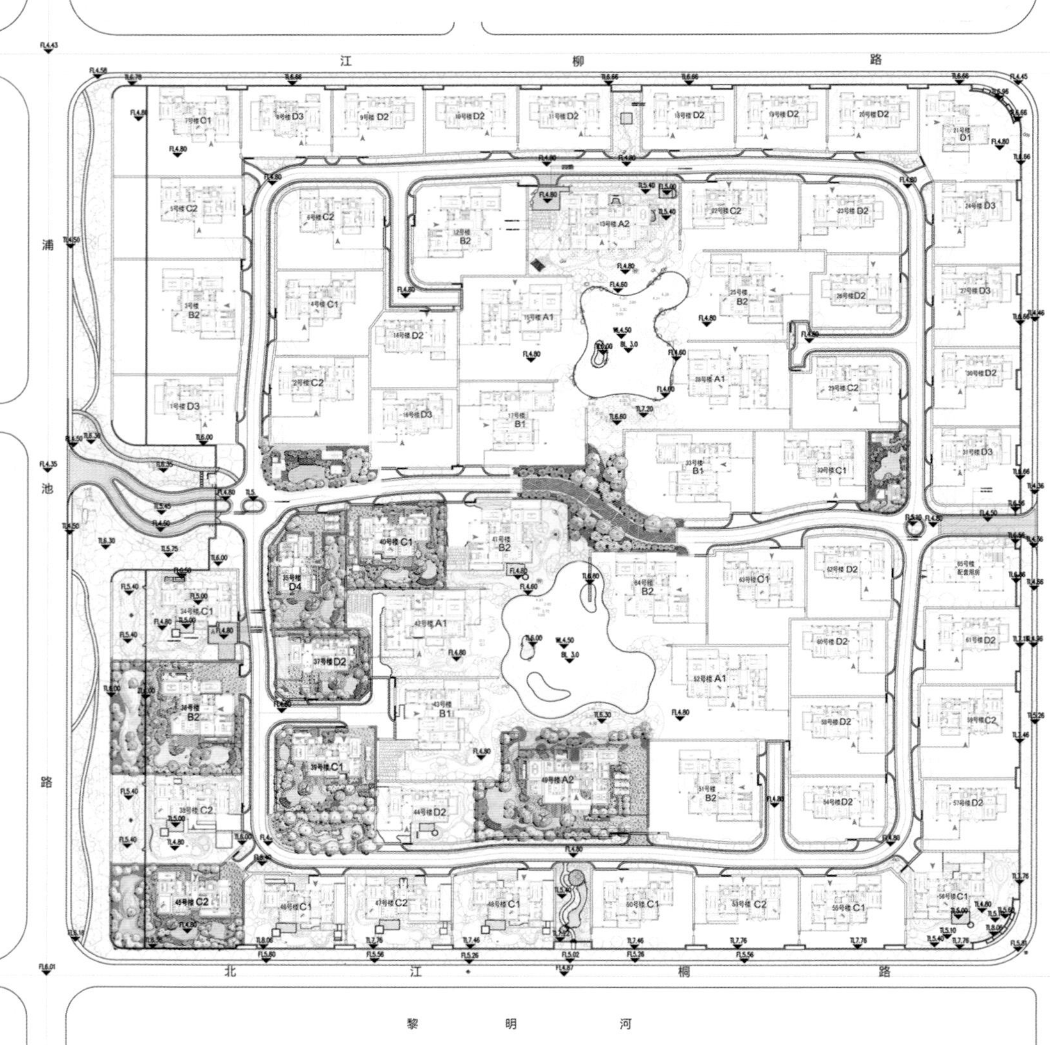

平面图

景观设计

“隐隐于世”与“森林大宅”，让栖居回归真正的自然之中景观设计师借自然之手，从自然界中提取最质朴的元素，将镜水、素石、蔓绿的植被融为一体，不矫揉造作、不优柔寡断，每一寸空间都凝练着淡淡的静谧，彷佛置身于禅意的 zen 世界。而这一份难得的静谧并非随人可得，这是一处仅有智者方会得到的居所。居者在这里，是身心的陶冶、压力的释放、尽情感受宁静自然世界带来的舒适感受，让栖居回归真正的自然之中。这样的自然隐隐中透出低调的智慧，没有大力渲染的色彩，没有浮夸的外表，这样低调奢华的“隐世”大宅，也是居者智慧人生、高品质生活的完美展现。

“森”宅“隐”入，低调自然

有人说：大隐隐于世，小隐隐于森林之中。而华侨城十号院俨然完全掩映于森林之中，远远望去，建筑依稀显露一角。还未先入其中，20 米宽的绿植林带就用自己最自然生态的气息，为世人带来第一眼的美好。沿绿植林带一路驶来，三棵高大的银杏为这条路带来些许变化，它暗示着主入口的到来。不见标识、不见岗亭，浑然一副森林之画的感受，如果不说，想必很难猜到这就是十号院？

香樟林大道，桂花飘香

小区中央香樟林景观大道，连接和延续的主次入口浓密的绿化厚度，以自然栽植的大香樟为主，而在中林的部分设计了椭圆形植物的空间环抱，适度开敞的草坪空间，使得整个空间有一定的收放变化，同样也是小区内植物最浓密的区域。

小区环道开启了回家的又一层体验，整个空间尺度也由大气变得更加近人。环道以桂花为主，当叶落知秋，桂花飘香，道路上也装点上了淡淡的金黄，漫步其中，是身心的也是嗅觉的完美体验。

至尊的水岸生活——静园

静园是中央水景区，也是本案重点打造的至尊水岸别墅，分南北两个水塘，设计遵循“zen”和“nature”的主题设计理念，意在体验自然湖水之美，通过自然驳岸、植物和水的精心处理，让居者居住于此，能暂时忘却尘世繁杂，让大脑和身体变得宁静和安详。

水岸每栋别墅面对水塘，享有最大面积的观湖视野和亲水活动空间。考虑景观的层次变化，在水中设置小岛和水生植物带。考虑湖水一年四季清澈见底，所以我们采用了最先进的生物净化水系统，给水岸居者带来最自然、纯净、生态的自然享受。植物设计和地形的塑造遵循“禅意”和风水学角度，在南北塘南岸堆坡筑林，塑造背山望水的绝佳居住地。在水岸，采用自然式配置，乔灌草的精心搭配，力求营造四季皆景，同时具有色香味的身体体验。在植物品种选择上，北塘相对自然干净，南塘相对野趣浪漫。

北山南水——花园相宜

“背山望水”不仅体现在水岸生活的别墅居者，同样体现在沿小区环道自然森林下的居者，北花园堆坡筑林，南花园静水浅行，采用简约干净、自然的设计手法，力求做到由“简”入奢。在这里，静水卵石、树影斑驳、林下汀步浅行，踱步回家也是种如诗般享受。

楼盘信息

楼盘区域：市区
项目类型：住宅
楼盘绿化率：35%
楼盘容积率：0.7

现代自然主义营造尊贵田园生活

品鉴低调恢弘山水名苑

项目名称：景瑞绍兴上府 | 客户：景瑞集团 | 项目地点：浙江省绍兴市 |
项目面积：44 845 平方米 | 图片提供：SED 新西林景观国际

SED 新西林景观国际 设计作品

设计理念

SED 新西林景观国际在设计中延续建筑设计的恢弘大气、低调奢华的装饰主义基础，将新古典风情与自然园林融合其中，用现代自然的设计手法营造出山水间尊贵的田园别墅生活。在园区设计时，设计师抬升了部分庭院的高度，被人为抬高的庭院与附近的湖水，形成了“山与水”般的空间感受。整个项目坐落在村落田野中，如此看来，这正是一幅将现代与古典相迎合的高质量山水田园画作。

POSITIVE MANSION

剖面图 2-2

剖面图 3-3

剖面图 1-1

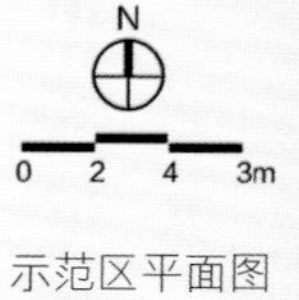

示范区平面图

别墅高院空间剖面图

南侧挡墙剖面图

TL9.50
TL8.30
TL9.55
TL5.70
FL5.60
TL5.70
FL5.60
庭院空间
园区道路空间
绿化种植区
人行道

项目概况

绍兴景瑞上府景观设计项目位于浙江省绍兴市裕民路一号，规划建筑产品形式以精品别墅为主，其中伴有少量高层建筑。其整个项目中的建筑均外形硬朗、高耸挺拔、色调温暖且沉稳，建筑群充分演绎着经典的现代古典主义风情。设计师在景观设计时延续建筑的设计风格，结合场地条件等现状，用现代自然、富有装饰主义的手法打造整个项目景观。

整体设计

初入展示区，两排阵列式的灯柱和高大乔木群与深浅两色相间的铺装遥相辉映，共同烘托出展示区广场强烈的尊贵感受。在广场中央，一座雕工精致的铜质雕塑，四周石材堆砌并伴着层级跌水，这让整个售楼处显得质量感十足。环售楼处一圈，浅层水系上点缀着小涌泉，顺水系上的汀步穿越至休闲区，大大的阳伞遮住了正午的骄阳、连绵的细雨…… 如此尊贵慢生活的感受，正是在初入上府的第一感受。

草坪设计

离开售楼处，沿建筑后的疏林草坪漫步，周围的高大乔木和层叠灌木将眼前的景观组合成一幅饱满的风景画。近流水庭院，整石堆砌的错层流水拾级而下，每一层石材上的流水槽都设计得整齐圆润，让水柱自然垂下，水声叮叮咚咚。配合周围的绿植和建筑掠影，新装饰主义的古典风情就此开始映映而生。

植物设计

游走于别墅间，幽静的园路两旁植物郁郁葱葱，高矮乔灌木不仅美化了整个空间，同时作为隐形院墙保障了小院的私密性。在抬高的庭院中，层级景墙伴随着种植让整个空间变化更加丰富。消防通道也在满足消防功能的同时隐形处理，以美化的方式展现在整个园区内。

设计师在进行植物设计时深谙植物对于环境的真谛，以自然的、本土的、生态的手法，将每一棵植物都放在其应在的位置上。同时结合项目新装饰古典风情，让植物与建筑景观和谐统一。展示区出入口简洁大方，植物配置采用规则式种植，营造出端庄大气的氛围；宅间绿化空间注重植物在色彩、形状、肌理上的对比，季相变化明显，同时把握好植物之间的层次和空间关系，营造出富有特色及人情味的视觉及参与空间，达到人与自然的和谐。该项目的丰富植物设计也是其出彩的亮点之一。

上府
POSITIVE MANSION

POSITIVE MANSION
景纳20年
瑞意50强
上府
绝版三期，错过再无！
8999 0000

人文气息浓厚的现代自然主义

释放娴静典雅的东方魅力

项目名称：文华苑　|　客户：达欣开发股份有限公司　|　项目地点：中国台湾省台北市
项目面积：一楼：2 244 平方米；屋顶：1 138 平方米　|　摄影师：金城财

瀚翔景观国际有限公司　设计作品

设计理念

创造环绕基地四周纯粹而丰富的绿层次，顺应着与绿地的连结，空间的串连以及对应室内空间使用，娴静的气质油然而生，使坐落在这闹中取静的住宅，得以感受存在于自然之中。

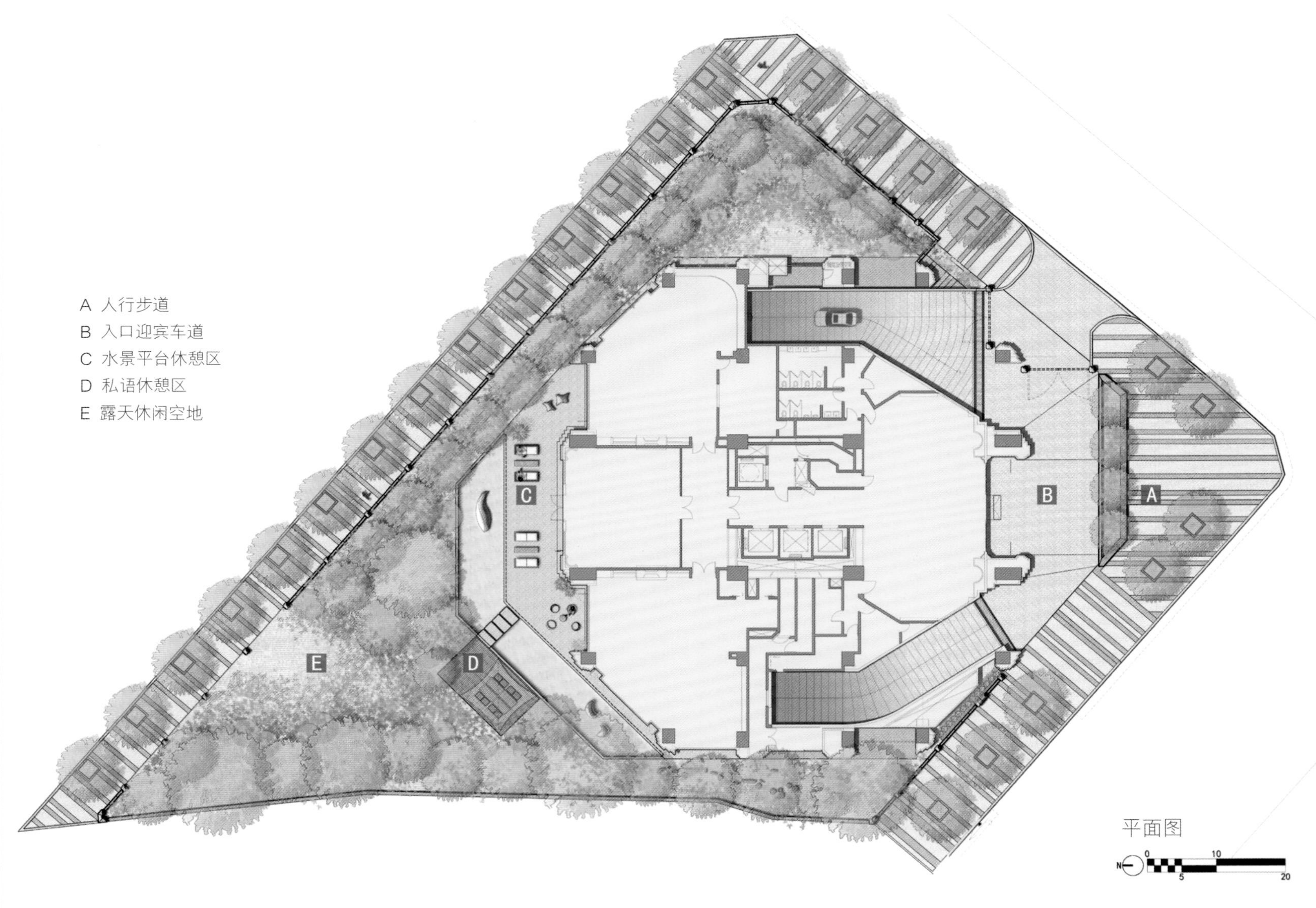
A 人行步道
B 入口迎宾车道
C 水景平台休憩区
D 私语休憩区
E 露天休闲空地
A
B
C
D
E
平面图
N
0
5
10
20

项目概况

2013 年的夏天，随着中泰宾馆改建的酒店愈近序幕；酒店式住宅也接近完工。在这八角的盒子中，有潘朵拉的神秘力量：华丽而精致，却是永恒；古典而简洁的建筑，蕴含着典雅而优美的东方魅力。隔着庆城街连接位于熙攘而优雅的敦化北路，后侧连结公园。

景观设计

基地保留主要周边简洁开阔的人行道空间；北侧空间以配合室内宴会空间的视觉景观层次为主。西侧为了延续视觉及空间的丰富性，以水景、立体的绿化，进而连接树木与天空，延展空间的深邃感。

休憩空间设计

户外的休憩空间中，利用雕塑的金属艺术品与设计家具的结合，使其感受存在于自然；感受四季的丰富变化与座落于城市中的自然感受；设计元素中同时考量以简朴与利落的细节手法，表达空间规划中比例的量体关系；将主要活动空间与建筑量体相邻，使其为整体设计中不无所用的留白；使建筑量体的室内外空间获得以人为主的连结，连结室内空间与户外空间的使用及室外设计空间的整体性。

屋顶景观设计

配合建筑基本设计架构，整体设计概念希望创造更具有生活性的庭园于其中呈现别墅住居想法；主要空间分布于东西两侧，东侧主要以庭园休憩空间，包含烤肉区、座椅休憩区、玻璃屋等花园景观为主；反观西侧则以泳池为主要活动设施。

东侧景观休憩区设计

屋顶全区皆有二次楼板设计，将其植栽生长及空间布局宛若于地面楼层的空间意象；实现空中花园与高层精致绿化的效果。

西侧泳池区设计

泳池区与休憩平台穿越梯厅后型成轴线的视觉景观，互为轴点景观；为了满足泳池使用的舒适性，基地随而垫高的高差，配合泳池设计为水景。泳池空间的东西两侧设置配合休憩的户外家具，也间接于清晨与日落时的户外泳池空间，增加一处赏景的休憩区域。

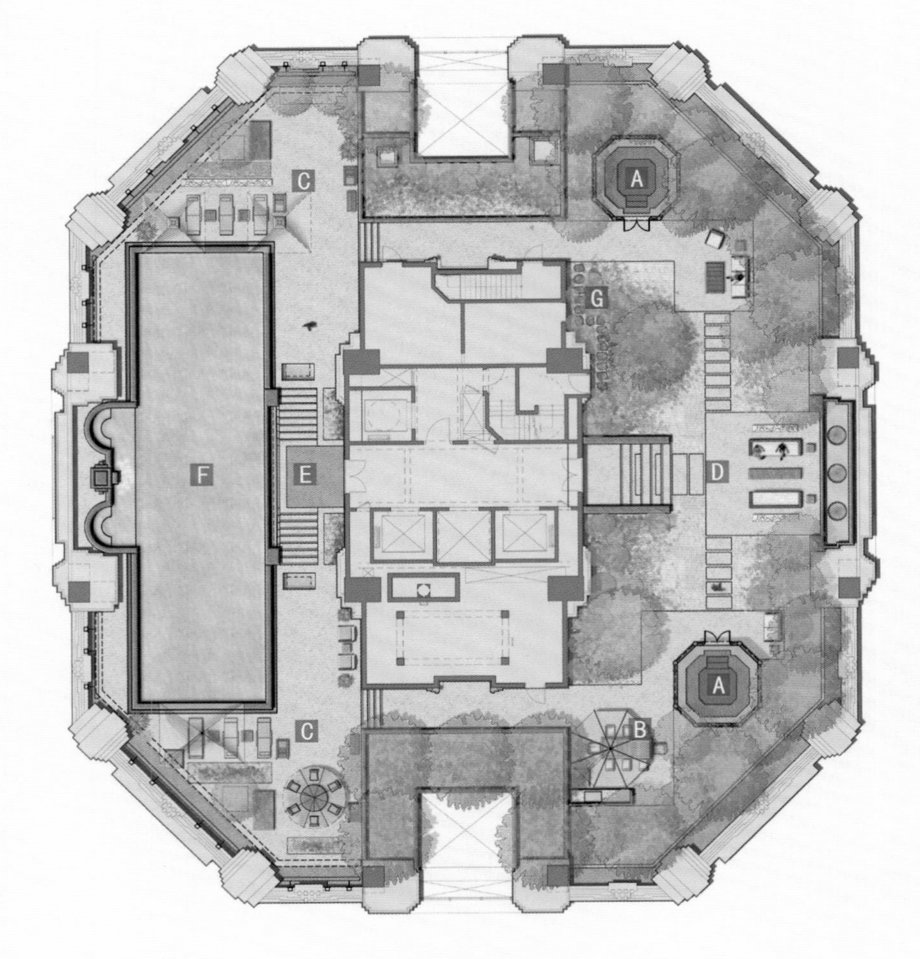

A 人行步道
B 入口迎宾车道
C 水景平台休憩区
D 私语休憩区
E 露天休闲空地

屋顶景观平面图

楼盘信息

楼盘区域：城郊
建筑类型：
多层、高层
项目类型：
住宅、商住楼
绿化率：72%
楼盘容积率：4.00

质朴而优雅的景观情感空间

藏卧蓉城倾力巨作

项目名称：成都华邑阳光里 | 客户：成都华邑房地产开发有限公司 | 项目地点：四川省成都市 |
项目面积：64 000 平方米 |

意大利迈丘设计事务所　设计作品

设计理念

景观设计以“艺术、阳光、运动”为设计出发点，以一轴四园区的设计结构，一轴为意大利当代艺术轴，四园区分别为“嗅觉体验区”，“视觉观赏区”，“休闲运动区”，“静思遐想区”，营造了质朴、浪漫、优雅而亲切的景观氛围。通过不同景观手法来体现不同主题的景观园区，让整个社区的景观赋有生活气息，更贴近生活。

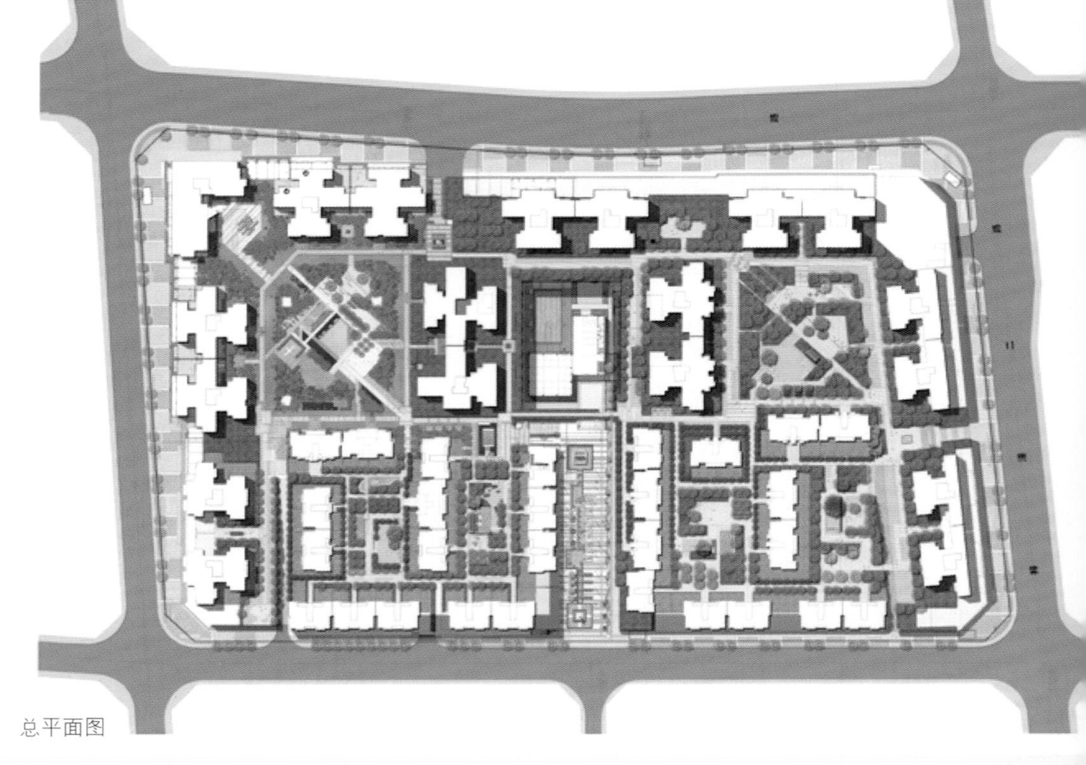

总平面图

项目概况

项目位于成都市西北郊区，交通便捷。地块方正平坦，东侧可瞭望犀湖公园，西侧有规划中的城市绿地，毗邻西南交通大学，总用地面约为 88 102 平方米，建筑面积为 352 414 平方米，景观设计面积 64 000 平方米。

景观设计

项目充分利用空间、颜色、光线的变化等景观要素及硬质和软质元素围合空间，创造不同的消费体验。在环境细节上，简洁明快体现了现代精神，同时配合商业氛围，明确领域和场所感，以清晰的线条和简练的构图来彰显个性。充分利用了本土的景观材料及乡土植物来进行造景，有效地控制景观造价的同时，也充分展现了本土特色。

水景设计

整个景观设计中，随处可听到潺潺的流水声。岸边布满青翠、旺盛的植物，洋溢着一直青春、一种活力。水中分布着或高或低的石材，像是一组组跳跃的音符。此外，还有一条长长的水带，贯穿着整个景观，带给人一种细水长流的感觉。

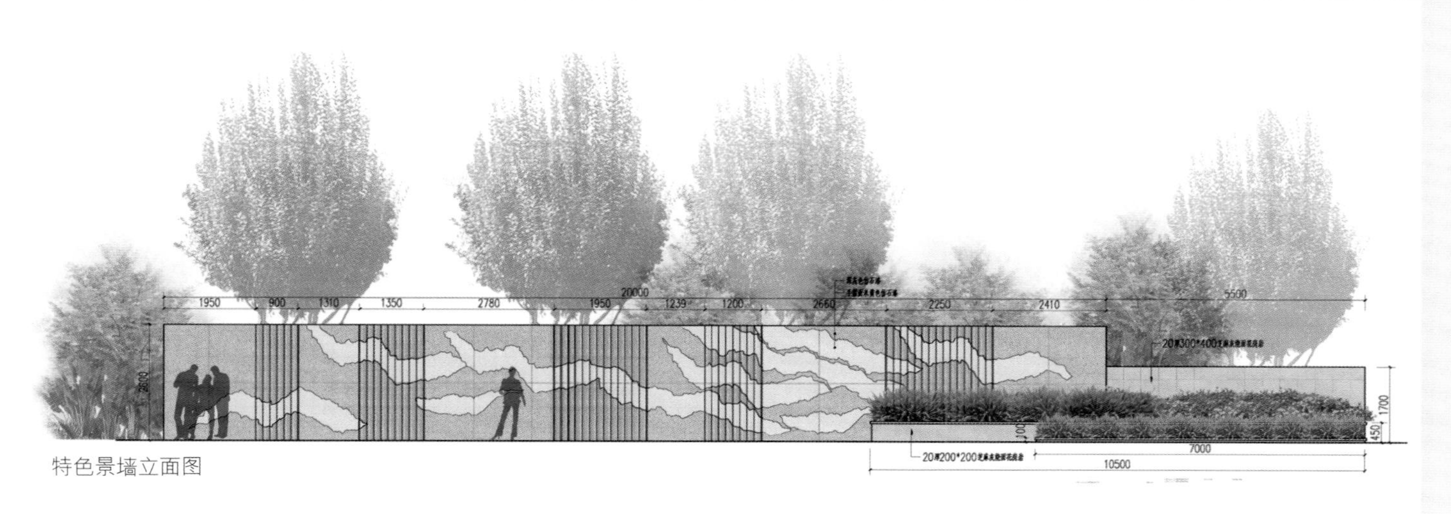

特色景墙立面图

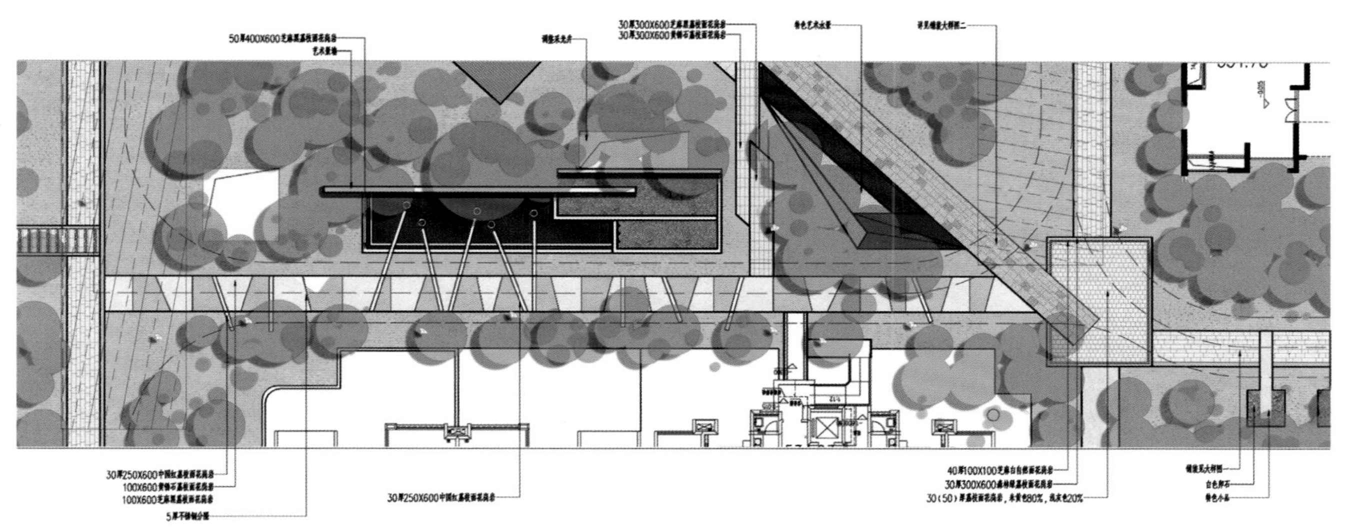

特色景墙平面图

繁华之后的禅意人生

项目名称：宝辉售楼中心 | 客户：宝辉建设有限责任公司 | 项目地点：中国台湾省台中市 | 项目面积：3 013 平方米 | 摄影师：罗伯特米勒有限责任公司

Landworks Studio,Inc. 工作室
CBT 设计公司 设计作品

设计理念

宝辉售楼中心所采用的绿化方案旨在传达出一种绿意盎然的景象。在光滑的木材与硬景观石材表面的衬托下，这种景象尤为明显。为了让业主远离城市的喧嚣，换来--片宁静，美丽的居所，设计务必要保证绿色景观无处不在。Landworks Studio,Inc. 工作室的设计巧妙地借鉴了中国经典园林元素，同时通过注入现代元素，使得花园流露出一种安静感。然而，就如同中国式茶园一样，中心景观元素为一处让人平静的倒影池。

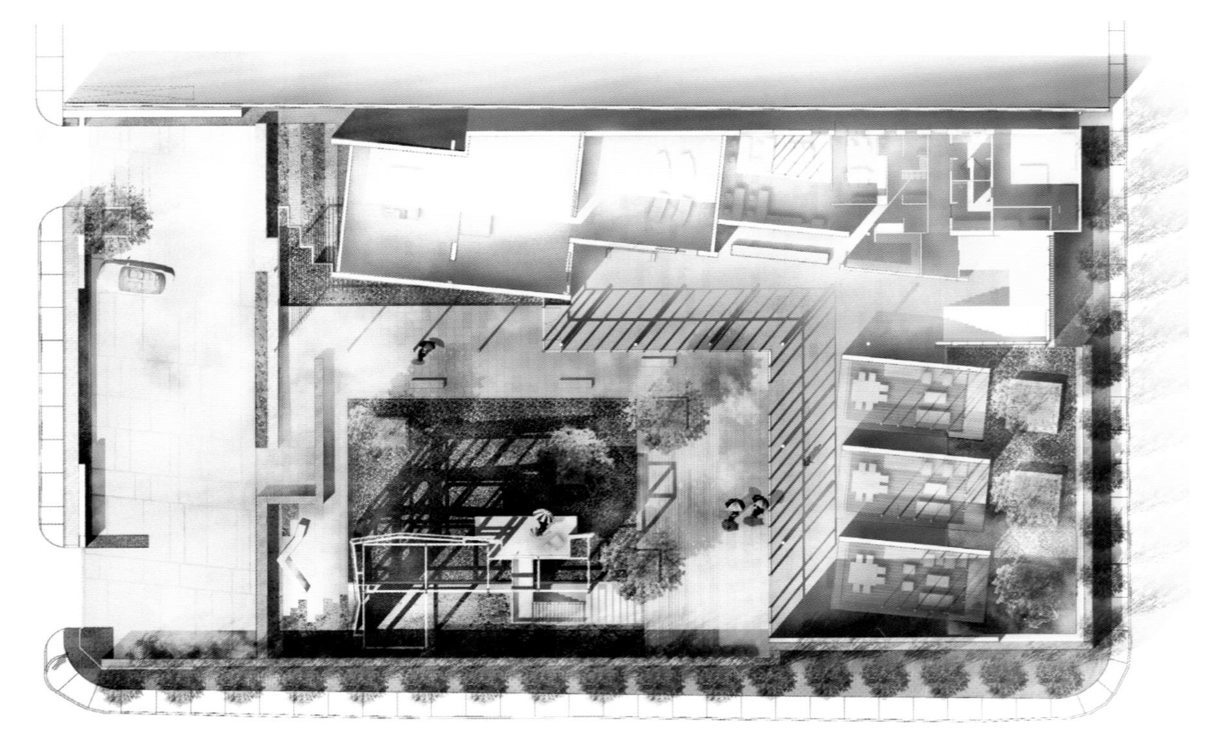

营销中心平面图

营销中心视线分析图

项目概况

Landworks Studio,Inc. 工作室受邀携手宝辉建设公司与CBT设计公司共同负责新建住宅楼盘售楼中心的景观设计。这次景观设计由上述三家公司合作完成的。该售楼中心坐落于待建灯笼塔楼的所在地。巧合的是，Landworks Studio,Inc. 工作室负责对灯笼塔楼的景观设计。CBT设计公司与Landworks Studio,Inc. 工作室的密切合作孕育出了集现代感、禅宗式建筑风格及景观于一体的售楼中心。建筑内外合一，植物贯穿整栋建筑，形成连贯的视觉流线。材料内敛的色泽传达出一种凝聚力，一种宁静感。

水景设计

远远望去，倒影池在地平线上忽隐忽现，宛如玻璃般透明的水面倒影出所有设计元素。细细的内凹廊柱将建筑高高托起，从而在结构上让这种光影效果更加生动、有趣。水面倒映出上方的建筑设计元素与天空，从而强化人们的感受。但是，穿过透明的池水能看见全部由光滑的灰色雨花石构成的池底。此外，设计还借鉴了禅宗式建筑风格，并采用了挖掘于台中市以外的原石（原石用来形成大树根部的保护层）。

材料选择

倒影池呈现出的漂浮感与光影感赋予了整个项目所用材料以生命，甚至非水景区的材料也是如此。将哑光表面抬高，使其稍稍高于具有高度抛光表面的平板，从而产生一种错觉感。假如您站在其中一处能俯瞰花园与水池的露台上，向水池中巨大的“漂浮的柱基”望去，包裹在哑光瓷砖里的柱基宛如池中小岛。同样，设计师也在瓷砖长凳上也采用了同样的处理手法将柱基向上并向内移动些许，从而产生一种漂浮于首层露台之上的感觉（首层露台为陶瓷铺面与风化厚木板组成的光滑灰色平地）。

植物设计

通过纵横向的种植方式从而保证植物蔓延到项目的各个角落。方形种植盆里种植了高大的多根系、多节紫薇。远远望去，紫薇仿佛漂浮于倒影池之上，与笔直的立柱形成鲜明对比。到了夜晚，随着灯光爬上树干、立柱与长椅，随着水中呈现出美轮美奂的倒影，这种错觉显得更加逼真、动人。这样同样也演绎着建筑与景观交相辉映的动人画面。售楼中心的两个立面上种植了热带藤本植物与蕨类植物，形成绿郁葱葱的垂直花园。在生动的绿色立面与玻璃立面的碰撞下产生了一种微妙的错觉。这种错觉随着人们的视角及日光照射角度的变化而变化。无论是透过玻璃或还是在玻璃上形成的映像，我们都能看见垂直花园墙体。因此，垂直花园的植物显得更加耀眼，衬托出更宽阔、更深的建筑空间。

图书在版编目（CIP）数据

现代中式园林 / 王蕊 主编. -- 北京 : 中国林业出版社, 2019.1

ISBN 978-7-5038-8925-7

Ⅰ. ①现… Ⅱ. ①王… Ⅲ. ①园林设计－中国－图集 Ⅳ. ①TU986.2-64

中国版本图书馆CIP数据核字（2017）第066805号

中国林业出版社·建筑家居出版分社
责任编辑：李 顺
出版咨询：（010）83143569

出 版：中国林业出版社（100009 北京西城区德内大街刘海胡同7号）
网 站：http://lycb.forestry.gov.cn/
印 刷：固安县京平诚乾印刷有限公司
发 行：中国林业出版社
电 话：（010）83143500
版 次：2019年1月第1版
印 次：2019年1月第1次
开 本：889mm×1194mm 1 / 16
印 张：21
字 数：200千字
定 价：368.00元